Die

Bekämpfung der Schadenfeuer.

Taktische Regeln für die Brandstelle

von

C. Krameyer,
Feuerlöschinspektor der Provinz Sachsen,
früher Brandinspektor der Berliner Feuerwehr.

Dritte Auflage.

Springer-Verlag Berlin Heidelberg GmbH 1901

ISBN 978-3-662-38615-6 ISBN 978-3-662-39471-7 (eBook)
DOI 10.1007/978-3-662-39471-7

Der freiwilligen Feuerwehr

meiner

Vaterstadt Minden in Westfalen

gewidmet.

Vorwort zur ersten Auflage.

In den meisten Werken, die das Feuerlöschwesen in allen seinen Teilen behandeln, findet man den Abschnitt über Löschtaktik zu wenig ausführlich behandelt; diejenigen Abhandlungen aber, welche diesen Gegenstand eingehend besprechen, bringen meistens allgemeine Regeln für verschiedene Arten von brennenden Gebäuden, ohne sich auf spezielle Verhaltungsmaßregeln, die für alle Brände passen, einzulassen.

Verfasser glaubt nun, daß gerade die Einzelheiten, auf die es beim Löschen ankommt, von größter Wichtigkeit sind, und möchte versuchen, in den nachfolgenden Zeilen die in langjähriger Praxis gesammelten Erfahrungen niederzulegen.

Die Berichte über einzelne besonders wichtige Brände und Unglücksfälle, die in den Fachblättern veröffentlicht waren, sind sorgfältig berücksichtigt worden, trotzdem kann die nachfolgende Abhandlung auf Vollständigkeit keinen Anspruch machen, muß vielmehr nur als ein schwacher Versuch angesehen werden, jüngere Feuerwehrkameraden einigermaßen in die Regeln der Löschtaktik einzuführen.

Ueber Organisation und Gerätekunde soll nichts erwähnt werden, ebenso wird die genaue Kenntnis und sachkundigste Behandlung aller Ausrüstungsstücke der Feuerwehr als bekannt vorausgesetzt; lediglich die Brandstelle, wie sie erreicht wird, was dort geschehen muß und wie man sich bei Rückkunft von derselben zu verhalten hat, soll besprochen werden.

Berlin, im Oktober 1890.

Der Verfasser.

Vorwort zur dritten Auflage.

Während die zweite Auflage, von geringfügigen Aenderungen abgesehen, ein getreuer Abdruck der ersten war, hat die vorliegende Auflage teilweise ergänzt und erweitert werden müssen. Die Erweiterung bezieht sich insbesondere auf das Verhalten bei Bränden in Gebäuden von leichter Bauart, sowie in solchen mit überwiegenden Eisenkonstruktionen und Granittreppen. Daneben mußten die Gefahren, welche die elektrischen Starkstromanlagen für den Feuerwehrmann mit sich gebracht haben, berücksichtigt werden. Da sich das Büchlein im übrigen in seiner ersten Fassung sehr viel Freunde, selbst im Auslande, erworben hat, so ist es möglichst unverändert gelassen. Die im Feuerlöschwesen aufgetauchten Neuerungen sind aber berücksichtigt worden, ebenso die Erfahrungen des Verfassers in seiner neuen Amtsstellung; im ganzen ist daher die neue Auflage den Verhältnissen, welche für kleinere Wehren in Betracht kommen, soweit angepaßt, wie es erlaubt schien, denn die der Berufsfeuerwehr entlehnten Grundregeln durften eine Aenderung bezw. Abschwächung nicht erfahren.

Merseburg, im März 1901.

Der Verfasser.

Inhalt.

1. Das Ausrücken zum Feuer.

Nachdem die Feuerwehr alarmiert und zugweise*) zum Abmarsch fertig ist, wird so zum Feuer ausgerückt, daß die zu einem Zuge gehörigen Fahrzeuge zusammen bleiben.

Die Erreichung der Brandstelle soll in der möglichst kürzesten Zeit erfolgen, es ist jedoch zu bedenken, daß alle Ueberstürzung und Uebereilung sehr gefährlich werden kann, und muß daher ein Marsch- oder Fahr-Tempo eingeschlagen werden, bei welchem es möglich ist, ohne Unfall die Brandstelle zu erreichen. Das Hinfallen von Mannschaften, das Stürzen von Pferden und die Beschädigung der Fahrzeuge verzögern die Hilfeleistung oftmals bedeutend, der Bruch von Rädern und Achsen macht die Hilfe aber häufig ganz unmöglich.

Wenn die Spritzen und Geräte von Mannschaften gezogen werden, so soll bei nicht weiten Strecken in verkürztem Laufschritt, bei weiteren Wegen abwechselnd in diesem Tempo und im Schritt vorwärts gestrebt werden.

Es ist zu berücksichtigen, daß ermüdet, erschöpft oder erhitzt auf Brandstelle eintreffende Abteilungen beim Brande nicht arbeitsfähig sind und ganz besonders in Qualm und Hitze keine Verwendung finden dürfen.

Die Lungen müssen nahezu normal arbeiten, wenn man im Feuer Tüchtiges leisten will.

Die weitaus größte Gefahr droht aber den durch Laufen erhitzten Mannschaften durch Erkältung, es müssen daher wollene Kleidungsstücke auf den Geräten mitgeführt werden, die auf Brandstelle den Mannschaften, welche nicht in Thätigkeit kommen, zum Ueberziehen gegeben werden.

---

*) Zug bedeutet eine Abteilung, welche imstande ist, mit einem Rohr Wasser zu geben und gleichzeitig ein Rettungsmanöver auszuführen, sei es allein oder unter Beihilfe des Publikums.

Diese Fürsorge mag manchem Leser unnötig erscheinen, sie ist aber so wichtig, daß wir dieselbe für einen Hauptfaktor erklären müssen.

Die Feuerwehr will dem bedrohten Nebenmenschen Hilfe bringen, und wenn irgendwo, so ist hier schnelle Hilfe nicht nur doppelte, sondern überhaupt einzige Hilfe.

Ein Schadenfeuer muß im Entstehen gedämpft werden, wenn es überhaupt möglich sein soll, es zu bewältigen.

Wenn dieser Umstand nun auch den Retter anspornt, in möglichster Eile zum Brandplatz zu eilen, so darf er doch nicht vergessen, daß er nicht nur den Brandplatz überhaupt erreichen, sondern auch so erreichen soll, daß er dort noch wirksame Hilfe bringen kann. Auch soll der Retter dessen bedacht sein, daß er nicht einem Bedrohten helfen will und dabei andere nicht Bedrohte rücksichtslos in Gefahr bringt, last not least soll er aber auch an sich selbst denken.

Handelt es sich um die Rettung gefährdeter Menschenleben, so denkt der brave Mann an sich zuletzt; handelt es sich aber nur um die Rettung toten Materials, so soll er auch bedenken, daß dem Gesamtwohl wenig gedient ist, wenn sich der Beste und Kräftigste unnötigerweise selbst zum Opfer bringt.

Die Berücksichtigung des hier Gesagten erheischt die Beobachtung bestimmter Vorsichtsmaßregeln, die teils durch die Einrichtung der stetigen Exerzitien, teils durch sorgfältiges Beobachten gewisser Bestimmungen während der Fahrt zur Brandstelle und während des Aufenthaltes am Brandort selbst innegehalten werden müssen.

Das Heranschaffen der Geräte an die Brandstelle im eiligen Tempo ist erstes Erfordernis. Wo keine Gespanne zur Stelle sind, muß die Mannschaft selbst die Geräte fortschaffen.

Wer Außergewöhnliches leisten will, muß sich hierzu in geeigneter Weise vorbereiten, und es ist unerläßlich, daß die Wehr sich für die Fortschaffung der Geräte trainiert; man sollte daher keine Uebung vorbeigehen lassen, ohne daß mit den Geräten Dauerlauf geübt wird.

Nicht nur vor den Folgen der Ueberanstrengung, sondern auch vor anderen Unfällen hat sich die Mannschaft zu hüten. Es ist besonders darauf zu achten, daß während der Fahrt niemand zu Falle und unter die Räder kommt, seien es die der eigenen Fahrzeuge oder fremder entgegenkommender Wagen.

Die Mannschaften der ersten Fahrzeuge haben nach vorn zu sehen und auf alle Hindernisse besonders Obacht zu geben.

Die folgenden Gefährte halten von den vorfahrenden einen bestimmten Abstand, damit sie bei plötzlichen Hindernissen für die vorderen Wagen auf diese nicht aufprellen, bei glatten, schlüpferigen und abschüssigen Wegen ist solcher Abstand entsprechend zu vergrößern.

Durch bestimmte Signale und Zurufe müssen die vorn fahrenden die anderen auf Hindernisse aufmerksam machen.

In engen Straßen, insbesondere aber beim Umbiegen um Ecken muß langsamer gefahren werden, und ebenso ist beim Passieren von Querstraßen Vorsicht geboten. Sowohl zum eigenen Schutz wie zur Sicherung des Publikums müssen daher an den Fahrzeugen Läuteglocken sein, die die Ankunft der Feuerwehr rechtzeitig bemerkbar machen.

Des weiteren ist durch Polizeiverordnung dahin Fürsorge zu treffen, daß beim Ertönen der Glocken der Feuerwehr alle Fahrzeuge halten bezw. Platz machen.

Während der Dunkelheit sind Fackeln und Laternen anzuzünden, damit man sehen kann, wohin man kommt und wie die Wege beschaffen sind.

Bei der Beförderung der Feuerwehrfahrzeuge durch Pferde darf nur in so scharfem Tempo gefahren werden, daß die Pferde noch in der Gewalt der Fahrer bleiben und die eigene Haltung nicht verlieren. Da nun der Galopp in Haltung nur ein verkürzter sein kann, der scharfe Galopp aber bald in die Karriere und damit in einen ganz haltlosen Lauf, aus dem nicht bald pariert werden kann, ausartet, so soll man im scharfen Trabe fahren und die Pferde an einen möglichst flotten und geräumigen Trab gewöhnen.

Die oben angegebenen Vorsichtsmaßregeln sind beim Fahren mit Pferden in erhöhtem Maße zu beobachten.

Besonders erwähnt sei hier noch, daß sich allen vorauf und entgegenfahrenden Wagen die Feuerwehr gleichfalls durch Läuten bemerkbar machen muß, insbesondere bei Pferdebahn-

und Personenbeförderungswagen, da sonst leicht aus solchen aussteigende Leute überfahren werden können. Werden diese Vorsichtsmaßregeln nicht beobachtet, so richtet die Feuerwehr leicht mehr Unglück an, als sie überhaupt Rettung zu bringen im stande ist.

Bei nächtlichen Fahrten ist auch sorgfältig zu beobachten, daß durch die Beleuchtung der Feuerwehrwagen nicht anderweit Brände entstehen.

Durch dürre Haiden, durch Forsten und trockene Kornfelder, über hölzerne Brücken und in der Nähe leicht brennender Baulichkeiten wird die Feuerwehr nur mit Fackeln fahren dürfen, von denen noch brennende Teile nicht herabfallen können.

Da bei aller Vorsicht gewisse Unglücksfälle, als Stürzen der Pferde, Reißen von Strängen und Steuerketten, Brechen von Deichseln, Speichen u. dergl. nicht ausgeschlossen sind, so muß von der Feuerwehr einiges Hilfsgerät als Hebebäume, Taue und Bindestränge, Kettenringe, Schaken, Nägel und Bindfaden mitgeführt werden. Beim Erlöschen der Fackeln sind Sturmstreichhölzer erforderlich.

Den Kutschern, deren Arme beim Halten heftiger Pferde, die nur Trensengebisse haben, leicht erlahmen, gebe man jemanden bei, der die Fahrleine mit halten und nicht aus der Hand lassen darf.

Dem Stürzen der Pferde auf Asphaltpflaster ist durch vorn untergelegte Strickeisen, dem Stürzen auf schnee- und eisbedeckten Wegen durch scharfe Stollen vorzubeugen.

Da die meisten Rad- und Achsenbrüche beim Fahren über Straßenbahnschienen sowie beim Durchfahren der Rinnen und beim Schleudern gegen Bordschwellen vorkommen, so gebe man beim Passieren dieser Hindernisse besonders acht.

2. Die Aufstellung der Fahrzeuge und die Wasserzufuhr auf Brandstelle.

Die Anfahrt unmittelbar an die Brandstelle muß in langsamerem Tempo vor sich gehen und wird nur in dem Falle glatt und ohne Aufenthalt herbeigeführt werden können, wenn die Straße unmittelbar vor dem Grundstücke, auf dem es brennt, von Publikum und fremden Fahrzeugen frei ist.

Das Freihalten der Straße vor der Brandstelle ist wiederum eine außerordentlich wichtige Sache und geschieht am besten und schnellsten durch die Straßenpolizei oder besondere Absperrmannschaften (event. Schützengilden).

Keine Behörde und kein Feuerwehrkommando sollte es versäumen, diese hochwichtige Angelegenheit gleich bei Gründung einer Feuerwehr durch Verordnungen genau zu bestimmen.

Wird das Absperren der Brandstelle durch Feuerwehrleute besorgt, welche Geräte zu bedienen oder das Feuer zu erkunden haben, so geht diesen häufig die größte Chance zur vorteilhaften Bekämpfung des Brandes verloren, da jedes Schadenfeuer so schnell wie irgend möglich bekämpft werden muß.

Nicht allein der Verlust an Zeit ist aber hier bedenklich, sondern auch die Stellung der Feuerwehr selbst; ohne gewisse polizeiliche Befugnisse wird die Feuerwehr nie das Absperren richtig bewirken können.

Wird das Freihalten der Straße durch die Polizei besorgt, so wird die Feuerwehr meistens den zur Aufstellung ihrer Wagen und Geräte nötigen Platz offen finden.

Zur weiteren Regelung der Absperrmaßregeln wird immer ein direktes Einvernehmen zwischen Kommando der Absperrmannschaft und Feuerwehr nötig werden, und führt wegen der sonst leicht auftretenden und höchst störenden Kompetenzkonflikte ein möglichst freundschaftliches Entgegenkommen von beiden Seiten hier schnellstens zum Ziele.

Die Aufstellung der Fahrzeuge selbst richtet sich nun einmal nach der Gestaltung des Grundstückes und dem Orte des Brandes auf demselben, sodann nach der Beschaffenheit der Straße und endlich nach der Art der Wasserbeschaffung und dem System der vorhandenen Löscheinrichtungen.

Das bekannteste und verbreitetste Löschgerät ist die Handdruckspritze. Dieselbe erhält ihren Platz der Regel nach auf der Straße in nächster Nähe des Eingangs zum Gebäude, wird dabei aber so aufgestellt, daß die Zufahrt zum Grundstück selbst möglichst frei bleibt.

Brennt das an der Straße belegene Gebäude direkt, so

muß die Spritze soweit von diesem entfernt aufgestellt sein, daß Spritze und bedienende Mannschaft derselben nicht von etwa herabstürzenden Gebäudeteilen getroffen werden können.

Der Rettungs- oder Gerätewagen mit Leitern und dergleichen hat sich möglichst der Einfahrt gegenüber aufzustellen. Falls er nicht gebraucht wird und den Raum einengt, macht er anderen Fahrzeugen Platz.

Der Wasserwagen, die Rädertiene oder das Sturmfaß, welche das erste Wasser mitzuführen haben, werden neben die Spritze gefahren und zwar auf die der Brandstelle gegenüberliegende Seite derselben, damit sie leicht gefüllt werden kann.

Kommen mehrere Spritzen in Thätigkeit, so sind dieselben hintereinander mit etwa 10 Schritt Distance aufzustellen und die Wasserwagen haben gleichfalls hintereinander zu stehen, sodaß man es mit einer Spritzenreihe und einer Wasserwagenreihe zu thun hat. Diese Aufstellung ermöglicht das Abfahren der entleerten und das Nachrücken der wieder gefüllten Wasserwagen.

Jeder Spritze sind so viele Wasserwagen beizugeben, daß dieselbe ohne jegliche Unterbrechung Wasser geben kann.

Ist die Zahl der Wasserwagen hierfür nicht ausreichend, und läßt sich eine Spritze auch nicht anderweit mit Wasser versorgen, so ist dieselbe fortzunehmen, denn eine Spritze, die nicht genügend Wasser hat, ist unnütz auf der Brandstelle und sogar gefährlich, da die Oberleitung mit derselben als mit einer genügend gespeisten rechnen muß und auf diese Weise leicht falsche Anordnungen trifft. Ist eine Wasserleitung vorhanden, und benutzt man dieselbe aus irgend welchen Gründen nicht unmittelbar zum Löschen, so speise man die Spritzen so schnell wie möglich aus dieser Wasserleitung, da die Wasserzufuhr mit Wagen eine sehr schwierige ist. Der Offizier, welcher bei einem größeren Brande die Wasserzufuhr zu beaufsichtigen und zu regeln hat, hat einen außerordentlich schwierigen Posten, da er nicht nur für rechtzeitiges Fortfahren und Nachrücken der Fahrzeuge zu sorgen hat, sondern den Führern der Wasserwagen auch die nächsten und ergiebigsten Wasserquellen, seien es Hydranten, Brunnen oder offene Wasserläufe, anzuweisen hat.

Müssen die Wasserwagen mit Eimern gefüllt werden, so ist für hinreichende Mannschaft für dieselben zu sorgen.

Sind nun Grundstücke so geräumig, daß Spritze und Wasserwagen auf denselben Platz finden und von denselben fortfahren können, ohne daß dabei die Schlauchleitungen anderer in Betrieb befindlicher Spritzen fortzunehmen sind, oder befinden sich Wasserentnahmestellen zum Speisen der Spritzen direkt auf dem Grundstücke, so können die Spritzen ausnahmsweise auf die Grundstücke selbst gefahren werden. Bei weichem Untergrunde stelle man sie auf Bohlen, damit sie nicht einsinken.

Hierbei ist jedoch zu beachten, daß bei weiterem Umsichgreifen des Feuers die Spritzen nicht gefährdet werden dürfen und ebensowenig durch Einsturz brennender Gebäudeteile in Gefahr kommen. Erweist es sich später als notwendig, eine Spritze, die bereits in Thätigkeit war, umzustellen, so ist es vielfach besser, statt ihrer eine andere in Betrieb zu setzen.

Das Umlegen der Schlauchleitungen, das anderweite Aufstellen der Spritze und die Versorgung derselben mit Wasser sind so zeitraubend und schwierig — bei starker Kälte gar nicht möglich — daß eine solche Spritze der Regel nach nicht wieder in Thätigkeit kommt.

Auch die Fälle, daß Spritzen bei weiterer Verbreitung des Feuers in Stich gelassen werden mußten und verbrannten, sind öfter vorgekommen, es gilt daher der Grundsatz: „Der Regel nach gebe man den Spritzen eine Aufstellung auf der Straße.“

Bei engen Straßen kommt es vor, daß Spritze und Wasserwagen nicht nebeneinander stehen können. In solchen Fällen müssen die Wasserwagen hinter den Spritzen aufgestellt werden und längere Speiseschläuche erhalten, weite Druckschläuche von Dampfspritzen können hier unter Umständen verwertet werden.

Es wird hierbei vorausgesetzt, daß der Boden der Wasserfässer höher liegt als der Wasserkasten der zu speisenden Spritze. Haben ganze Stadtteile enge Straßen, so werden dort nur Abprotzspritzen und schmale Wasserkasten zu verwenden sein, das norddeutsche System wäre dort nicht angebracht. Bei mangelnder Wasserleitung und bei nicht Vorhandensein von

Wasserwagen muß das Wasser in Eimern in die Spritze geschafft werden.

In diesem Falle thut man besser, die Spritze so nahe wie irgend möglich an die Wasserquelle heranzubringen und die Schlauchleitung nach der Brandstelle entsprechend zu verlängern.

In Gegenden, wo Tragebutten vorhanden sind, verwende man diese zur Wasserförderung, weil sich mit ihnen sehr große Mengen heranschaffen lassen, auch Frauen und Mädchen sich so an der Wasserförderung beteiligen können. Vermittelst der Butten läßt sich das Wasser selbst auf weitere Entfernungen den Spritzen zuführen.

Dampfspritzen wirken am günstigsten, wenn sie direkt an der Wasserentnahmestelle aufgestellt werden; Rohrbrunnen, größere Bassins, offene Wasserläufe und ergiebige Wasserleitungen sind Wasserquellen für dieselben. Gasspritzen und Löschwagen werden wieder möglichst nahe der Brandstelle aufgestellt.

Wird bei Verwendung von Handdruckspritzen die Schlauchleitung nach der Brandstelle, falls die Spritze an der Wasserquelle steht, eine zu lange, so wirkt die Spritze nicht mehr kräftig genug. Es muß hier ein Zubringer angeschafft werden, der das Wasser nach den Spritzen, die wieder nahe an die Brandstelle gerückt werden, zu befördern hat. Als Zubringer kann auch jede Saug- und Druckspritze Verwendung finden.

Bei einer Wasserleitung mit genügendem Druck arbeite man direkt vom Hydranten und setze die Spritze sobald wie möglich außer Thätigkeit.

3. Die Oberleitung und die Funktionen der Offiziere.

Die Frage, ob der Kommandeur der Feuerwehr auf Brandstelle einen bestimmten Platz unten auf der Straße oder auf dem Hofe inne zu halten habe, oder ob er sich in dem brennenden Gebäude nach seinem Ermessen frei bewegen könne, wird in Fachkreisen verschieden beantwortet. Während die einen unbedingt verlangen, daß der Oberleitende sich der Regel nach unten und zwar möglichst nahe dem Haupteingange zum Grundstück aufzustellen habe, und einzelne Kreise sogar soweit gehen, den Platz des Oberleitenden durch Flaggenzeichen bezw. Fackeln besonders markiert zu sehen, verlangen andere, daß es lediglich Sache des Oberleitenden sein müsse, wo und wie er sich placieren wolle.

Im allgemeinen kann man behaupten, daß, je größer ein Brand ist, und je mehr Feuerwehrabteilungen auf Brandstelle erscheinen, es Notwendigkeit für den Oberleitenden werden wird, sich mehr und mehr in der Nähe des Eingangs zum gefährdeten Grundstücke aufzuhalten.

Bei sehr großen Bränden und dementsprechend größeren Massen von Feuerwehrabteilungen wird die Oberleitung der Gefährdung der Nachbarschaft und der Unterbringung bezw. Verwendung der Feuerwehrabteilungen wie gleichzeitig der Bekämpfung des Feuers am Herde selbst in gleicher Weise Rücksicht tragen müssen, und solches wird nur von einer leicht auffindbaren Stelle aus, die gleichzeitig möglichsten Ueberblick gewährt, geschehen können. Da hier die Person des Oberleitenden nicht ausreicht, alle Anordnungen allein zu treffen, so kann derselbe nur mit Hilfe verschiedener Offiziere und unter Zuhilfenahme mehrerer Ordonnanzen operieren. Sind die Brände weniger ausgedehnte, so kann der Oberleitende den Einzelheiten mehr Sorgfalt widmen, es wird aber in solchen Fällen sein persönliches Eingreifen mehr und mehr unnötig werden, da die nun zu besorgenden Funktionen bereits durch die Unterführer erledigt werden können.

Bei kleineren Bränden wird daher die Thätigkeit der Oberleitung kein direktes Eingreifen auf Brandstelle zu sein brauchen, sondern vielmehr ein Kontrolieren der Thätigkeit der Offiziere werden können.

Bei diesen Ausführungen halten wir den militärischen Grundsatz fest, daß der Oberleitende es nach Möglichkeit zu vermeiden hat, in die Abteilungen selbst befehlend einzugreifen, sondern sich darauf beschränken soll, den Führern der ihm unterstellten Abteilungen seine Befehle zu erteilen. Damit aber den Führern nicht alle Lust und Liebe zur Arbeit genommen wird, dieselben zur größtmöglichen Selbständigkeit erzogen werden und ihre Autorität den Untergebenen gegenüber nicht leidet, so soll sich dies Eingreifen auf die Fälle beschränken, wo es unbedingt notwendig ist.

So wenig man nun daran denkt, dem Feldherrn in der Schlacht genaue Verhaltungsmaßregeln geben zu wollen, so wenig kann es unsere Meinung sein, bestimmte Grundsätze festzustellen, nach denen sich die Oberleitenden auf Brandstelle zu richten hätten.

Unsere oben ausgesprochenen Ansichten sollen nur einen allgemeinen Anhalt bieten, und es ist uns dabei vollständig klar, daß der Oberleitende auf Brandstelle durch persönliches Eingreifen an besonders gefährdeten Punkten gerade so häufig besondere Erfolge erringen kann, wie oftmals der General, der an besonders gefährdeten Punkten in der Schlacht durch sein persönliches Eingreifen den Seinen zum Siege hilft.

Hervorgehoben sei hier noch, daß bei kleineren Berufsfeuerwehren der Branddirektor, der im allgemeinen größere Erfahrung besitzen wird als seine Offiziere, oftmals auch der einzige Offizier auf der Brandstelle ist, viel häufiger persönlich wird eingreifen müssen, als solches bei größeren Feuerwehren mit langgedienten Offizieren, die reiche Erfahrungen haben, der Fall sein wird.

Im besonderen hat sich der Oberleitende nun in erster Linie auf der Brandstelle zu orientieren, entweder persönlich, oder mit Hilfe seiner Offiziere und der ihm beigegebenen Ordonnanzen.

Dies Orientieren muß möglichst unter Zuhilfenahme derjenigen Personen geschehen, die auf der Brandstelle genau Bescheid wissen, und hat sich auch auf das Vorhandensein und die Art von elektrischen Starkstromleitungen zu erstrecken.

Die Hausbewohner, insbesondere die Besitzer, Verwalter, Fabrikinspektoren und Wächter sind hier die geeignetsten Leute. Oftmals ist es förderlich, wenn hierbei die polizeilichen Organe, Bürgermeister, Ortsvorsteher oder Gensdarme mithelfen, da diese häufiger die Bewohner kennen.

Das Orientieren erstreckt sich in erster Linie auf die Lage des brennenden Gebäudes und das eigentliche Brandobjekt selbst.

Gleichzeitig ist den Spritzen ihr Platz anzuweisen, und deren Speisung mit Wasser aus Wasserwagen, Hydranten, Brunnen oder offenen Wasserläufen ins Auge zu fassen.

Sehr förderlich bei diesen Anordnungen sind Bücher, in denen die Straßen mit nächster Umgebung, alphabetisch geordnet, als Skizzen vorhanden sind, ebenso die Grundrisse hervorragender Baulichkeiten. Aus den letzteren müssen die Treppen und Zugänge, aus den Plänen Lage und Art der Wasserentnahmestellen zu ersehen sein.

In den Plänen muß ferner zwischen den Zeichen derjenigen Wasserstöcke, welche ausreichend Wasser für Dampfspritzen haben und zum direkten Angriff geeignet sind, und denen, die nur zur Speisung von Handspritzen sich eignen, ein Unterschied gemacht werden.

Des weiteren sind die Brunnen ebenfalls nach ihrer Ergiebigkeit zu kennzeichnen.

Falls derartige Bücher vorhanden sind, kann der Oberleitende über die Aufstellung der Fahrzeuge und die Wasserentnahme schon während der Fahrt zum Feuer Bestimmung treffen.

Ist man nun über die Lage, Art und Größe des Feuers orientiert, weiß man insbesondere, daß Menschenleben nicht in Gefahr sind, so wird je nach der Art des Feuers der Angriff „kommandiert, bei welchem in *erster Linie die Eingangs„thüren und Haustreppen als die geeignetsten An„griffswege zu betrachten sind*".

Der Oberleitende wird nun auch wissen, ob er mit den auf Brandstelle vorhandenen Abteilungen auskommt oder nicht, event. ob er bereits unnötig viel Kräfte zur Verfügung hat.

Reichen die vorhandenen Kräfte zur Bewältigung des Brandes nicht aus, so sind möglichst auf telegraphischem Wege, anderenfalls durch Radfahrer, Feuerreiter oder Laufboten weitere Abteilungen zu requirieren; sind jedoch unnötig viele Züge zur Stelle, so werden diese, nachdem sich Menschen und Pferde erholt haben, heimgeschickt.

Es kommen Fälle vor, wo man auch überflüssige Züge auf Brandstelle behält, teils um sich gegen Zufälligkeiten zu schützen, teils auch, damit bei besonders interessanten Brandfällen die Mannschaften und Führer der nicht thätigen Züge Erfahrungen sammeln.

Im Interesse der Feuersicherheit des Ortes und im Interesse des Verkehrs liegt es, die nicht nötigen Kräfte schnellstens wieder nach Haus zu schicken. Nach Abordnung der überflüssigen Kräfte und nach Kommandierung des Angriffs auf das Feuer ist nun darauf zu sehen, daß der Verkehr auf den Straßen von der Feuerwehr nicht unnötig gehemmt wird. Fahrzeuge, welche nicht gebraucht werden, fahren auf die Seite, quer über die Straße geführte Schläuche werden über besondere Böcke gelegt oder mit Hilfe von Leitern an hochgelegenen Fensterkreuzen, Bäumen und dergleichen so aufgehängt, daß Fahrzeuge darunter wegfahren können.

Man kann die Schläuche auch auf der Straße liegen lassen und durch Schlauchbrücken so schützen, daß Wagen über dieselben hinwegfahren können.

Noch ehe man daran gehen konnte, den freien Verkehr auf der Straße zu sichern, war es erforderlich, die Umgebung der Brandstelle davor zu schützen, daß sie nicht vom Feuer ergriffen wurde.

Des weiteren ist für Unterbringung der auf Brandstelle gebrauchten, aber zur Zeit noch disponiblen Mannschaften zu sorgen, und ebenfalls für die Unterbringung der Gespanne.

Die Mannschaften stehen am zweckmäßigsten der Brandstelle gegenüber zum sofortigen Eingreifen bereit, während die Pferde in abseits gelegenen, wenig verkehrsreichen Straßen umhergeführt werden; bei jedem Fahrzeug muß ein Mann zur Aufsicht bezw. zur Herausgabe der verlangten Utensilien verbleiben. Mannschaften und Pferde müssen möglichst vor Wind und Wetter geschützt werden.

Trockene, geschützte Plätze sind daher, wenn irgend möglich, auszusuchen.

Anziehen der wollenen Kleidungsstücke und Ueberlegen der Pferdedecken sollte nicht versäumt werden.

Da bei dem Löschen von Bränden der Regel nach Wasser in die etwa darunter liegenden Räume durch deren Decken dringt, so muß sorgfältig darauf geachtet werden, daß dieses Wasser aufgefangen wird und die durch Nässe gefährdeten Sachen geschützt werden. Scheuerlappen, Hohlschippen und Besen, sowie Mulden kommen hier zur Verwendung, und besonders wertvolle Gegenstände, deren Beiseitestellen nicht möglich ist, werden durch übergelegte Decken und wasserdichte Plantücher geschützt. In anderen Ländern werden diese Arbeiten vielfach durch besondere Retterkorps ausgeführt.

Wiederholen wir nochmals kurz die Thätigkeit der Oberleitung:

Zuerst waren die Fahrzeuge aufzustellen; sodann hatte man sich zu orientieren und etwa nötige weitere Kräfte heranzuholen, ferner für geregelte Wasserzufuhr zu sorgen, den Angriff zu leiten, die Nachbarschaft zu schützen und den Verkehr auf der Straße aufrecht zu erhalten; weiter galt es, Mannschaften und Pferde unterzubringen und das Anrichten von Wasserschaden zu verhüten. Alles dieses soll in kurzer Zeit und vielleicht unter ganz fremden Verhältnissen erledigt werden.

Nun, man wird zugeben, daß dieses alles von einem Menschen allein nicht bewältigt werden kann und daß er hierzu geeigneter Hilfskräfte bedarf. Diese Hilfskräfte, hier kurzweg Offiziere genannt, müssen also zur Stelle sein und nach den Befehlen der Oberleitung bestimmte Anteile dieser Riesenarbeit übernehmen, bezw. sich in die Gesamtarbeit so teilen, daß sie dieselbe nach den Direktiven des Höchstkommandierenden ausführen.

Eine praktische Organisation unterscheidet daher der Arbeit nach zwischen

a) den Offizieren im Feuer,
b) dem Offizier für die Wasserzufuhr,
c) dem Offizier vor der Brandstelle und
d) dem Offizier zur Beobachtung der Umgebung.

Ob diejenigen Personen, welche diese Arbeiten zu verrichten haben, wirklich Offiziere sind oder durch andere Beamte ersetzt werden, dürfte nicht ins Gewicht fallen, da es sich hier lediglich um die Funktionen, die zu erledigen sind, handelt. Die Benennung „Offizier“ schien uns am bequemsten.

4. Das Feuer im allgemeinen und die Mittel zu seiner Bekämpfung.

Besprechen wir zuerst, was unter Feuer überhaupt zu verstehen ist und welche Mittel angewendet und empfohlen werden, dasselbe zu dämpfen.

Die Entstehung eines Feuers ist ein chemischer Vorgang, d. h. brennbare Stoffe erhalten, sobald sie auf eine gewisse Temperatur erhitzt werden, welche man ihre Entzündungstemperatur nennt, die Fähigkeit, sich mit dem Sauerstoff der Luft chemisch zu verbinden. Diese chemische Verbindung ist eine so heftige, daß dabei Licht und Wärme entwickelt werden im Gegensatz zu den langsam sich vollziehenden Verbindungen des Sauerstoffs mit anderen Körpern, wie bei Verwesungen, beim Rosten des Eisens, wobei eine Feuererscheinung nicht auftritt.

Zur Entstehung eines Feuers sind also erhöhte Wärme und Luft nötig, und es sei hier gleich bemerkt, daß die Wärme nicht immer von außen zu kommen braucht, sondern bei Körpern, die zur Selbstentzündung neigen, auch durch Gärungsvorgänge (feuchtes Heu) oder Reibung (Phosphor) entstehen kann.

Auch Holzkohle, welche den Sauerstoff der Luft einfach verdichtet, sowie verschiedene Sätze zu Feuerwerkskörpern gehören hierher.

Bei den weiteren Betrachtungen wollen wir die sogenannte Selbstentzündung außer acht lassen und uns nur dem Verbrennungsprozeß selbst zuwenden.

Die für uns in Betracht kommenden brennbaren Stoffe sind organischer Natur, sie entstammen entweder dem Pflanzen- oder dem Tierreich und enthalten als Hauptbestandteil Kohlenstoff. Bei dem Verbrennungsprozeß nun verbindet sich der in der Luft enthaltene Sauerstoff mit dem Kohlenstoff des brennbaren Körpers und bildet Kohlensäure. Die Kohlensäure ist ein gasförmiger Körper und entweicht. Was bei der Verbrennung als Asche zurückbleibt, sind anorganische Körper. Der Umstand, daß der feste Kohlenstoff des brennbaren Körpers mit dem Sauerstoff der Luft eine gasartige, flüchtige Verbindung eingeht, hat zu dem Glauben geführt, daß bei der Verbrennung der verbrannte Stoff verschwinde; dies ist aber nicht der Fall, sondern im Gegenteil, der Stoff ist bei der Verbrennung schwerer geworden um die Quantität Sauerstoff, welche zur Verbrennung nötig war, aber der Körper in der neuen Form ist nicht mehr in festem, sondern in gasförmigem Zustande.

Da die organischen Stoffe meist Wasserstoff oder die Bestandteile des Wassers enthalten, wird bei dem Verbrennungsprozeß auch Wasser gebildet, welches gasförmig entweicht.

Man unterscheidet zwei Arten von Verbrennungen, nämlich eine vollkommene und eine unvollkommene. Die vollkommene Verbrennung bildet rauchlose Flammen, während das Auftreten von Rauch das Zeichen einer unvollkommenen Verbrennung ist. Chemisch unterscheiden sich diese beiden Arten von Verbrennungen dadurch, daß bei einer vollkommenen Verbrennung genügend Sauerstoff der Luft zugeführt wird, um allen Kohlenstoff in Kohlensäure, welche man mit dem Zeichen CO_2 (d. h. 1 Teil Kohlenstoff [C] und 2 Teile Sauerstoff [O]) belegt, überzuführen und daß bei einer unvollkommenen Verbrennung dies nicht der Fall ist. Das, was wir als Rauch sehen, ist ganz fein verteilte unverbrannte Substanz, sogenannter Ruß ist reiner Kohlenstoff. Bei der unvollkommenen Verbrennung entsteht nun neben der Kohlensäure (CO_2) auch noch eine gasförmige Verbindung mit weniger Sauerstoff, das ist das höchst giftige Kohlenoxydgas (CO). Kohlensäure ist ein unverbrennbares Gas, da sie schon mit Sauerstoff gesättigt ist, Kohlenoxydgas dagegen vermag noch ein Teil Sauerstoff aufzunehmen, also zu verbrennen und in Kohlensäure überzugehen.

Beim Verbrennen mit mangelndem Luftzutritt bildet sich also das giftige Kohlenoxydgas, aber da die beim Feuer in Betracht kommenden Gase nie in chemischer Reinheit auftreten, so werden auch nicht dergleichen reine Produkte sich bilden können, trotzdem müssen wir diese beiden in gewissem Sinne doch auftretenden Vorgänge im Auge behalten, um späterhin die verschiedenartigen Brände erklären zu können.

Drücken wir uns praktisch aus, so unterscheiden wir zwischen vollständiger Verbrennung bei reichlichem Luftzutritt und zwischen unvollständigem Verbrennen oder sogenanntem

Schweelfeuer bei mangelhaftem Luftzutritt, oder anders ausgedrückt zwischen hellem Feuer mit wenig Rauch und zwischen glimmendem Feuer mit erstickend wirkendem Qualm.

Wird nun dem Schweel- oder Glimmfeuer ein kräftiger Luftstrom zugeführt, so wird sich aus demselben wiederum ein Feuer mit heller Flamme bilden.

Geschieht die Zuführung der Luft plötzlich, so wird die Verbrennung der im Rauch vorhandenen Gase eine sehr heftige, geradezu explosionsartige werden können.

Wie dargethan, sind zum Ausbruch eines Brandes Wärme und Luft notwendig, es wird also erforderlich sein, brennenden Gegenständen Wärme und Luft zu entziehen, um das Feuer wieder zu dämpfen.

Dieses Dämpfen oder Ersticken eines Brandes wollen wir fortan mit dem einzigen Ausdruck

„Löschen"

bezeichnen, gleichgültig ob dabei Wasser gebraucht wird oder nicht; der Ausdruck Löschmanöver begreift also ein Ersticken, Dämpfen, Beschütten oder Begießen mit Wasser ohne weiteres in sich.

Gehen wir zur Besprechung der Löschmittel über.

Zum Löschen werden Wasser, Sand und Erde, Decken zum Ueberlegen oder Chemikalien verwendet; außerdem sucht man ein Feuer noch dadurch zu löschen, daß man demselben durch Fortnahme brennender oder brennbarer Gegenstände die Nahrung entzieht und damit die Möglichkeit nimmt, sich weiter zu verbreiten, so das Feuer sich selbst überläßt, genau wissend, daß es mit der Zerstörung der bereits brennenden Teile von selbst erlischt.

Wird ein luftförmiger Körper in einen tropfbar flüssigen oder ein tropfbar flüssiger in einen festen umgewandelt, so wird Wärme frei, d. h. in der Umgebung des sich verändernden Körpers wird Wärme bemerkbar.

Wird hingegen ein fester Körper in einen flüssigen oder ein flüssiger in einen luftförmigen verwandelt, so wird Wärme gebunden, d. h. in der näheren Umgebung des Körpers wird Kälte erzeugt.

Auf diesem physikalischen Gesetz beruht die löschende

Wirkung des Wassers; außerdem löscht das Wasser noch dadurch, daß es in flüssigem Zustande die Luft von dem brennenden Körper mechanisch abschließt, beim Verdampfen aber noch durch die Spannung der sich bildenden Wasserdämpfe die Luft verdrängt.

Das Wasser löscht also in gewissem Sinne dreifach, einmal erzeugt es beim Verdampfen Kälte, zweitens schließt es den Körper mechanisch von der Luft ab und drittens verdrängen die erwärmten Wasserdämpfe die zum Verbrennen nötige Luft.

Trotzdem kommt es vor, daß die Glut des Feuers durch das Wasser noch angefacht werden kann.

Ein weiteres Anfachen des Feuers durch das Wasser kann nur dann geschehen, wenn das Wasser durch die Glut zersetzt wird. Das Zersetzen tritt immer dann ein, wenn ein zum Löschen nicht ausreichender Wasserstrahl mit glühenden Kohlen, sowohl Holz- wie Steinkohlen, oder glühendem Eisen in Berührung kommt.

Des weiteren kann das Feuer durch Hineinspritzen oder Aufschütten von Wasser verstärkt werden, wenn durch das Wasser Staub aufgewirbelt wird, wie solches bei Haufen Mehl, Kisten voll Bärlappsamen (Lycopodium) und Haufen Kohlenstaub vorkommt, oder in den Fällen, wo durch einen starken Wasserstrahl Flaschen mit feuergefährlichen Substanzen zerstört werden.

Auch beim Brande in Laboratorien kann Wasser sehr gefährlich werden, sobald es mit Natrium und Kalium zusammenkommt, desgleichen darf das zur Herstellung von Acetylen dienende Calciumkarbid nicht bespritzt werden.

Welche Stoffe es überhaupt sind, die mit Wasser nicht gelöscht werden können, kann von uns aus Mangel an der nötigen Kenntnis nicht angegeben werden, aber das können wir noch anführen, daß man bei Bränden in Gießereien, bei Kohlenmeilern und ähnlichen mit Wasser vorsichtig sein muß.

„Es ist daher unbedingt notwendig, bei Bränden „in Etablissements, deren Bedeutung man nicht ge„nau kennt, die Fabrikinspektoren, Chemiker, Wächter „oder Arbeiter mit zu Rate zu ziehen."

Das Löschen mit Wasserdampf bietet den Vorteil, daß

man dem Feuer noch dort Einhalt thun kann, wo man mit dem Wasserstrahl nicht hinkommt, da der Wasserdampf sich in dem ganzen Raume verbreitet, der gefährdet ist. Die Ergiebigkeit des Wasserdampfes kann aber in der Wirkung dem Löschen mit Wasser nicht im entferntesten verglichen werden. Bei vollständig geschlossenen Räumen oder bei Dampfeinlaß unter starkem Druck kann der Dampf luftabsperrend wirken und das Feuer eine Zeitlang niederhalten, ein thatsächliches Löschen ist aber nur dann beobachtet worden, wenn das Feuer in geschlossenen Räumen schließlich von selbst hätte ersticken müssen, auch ohne Verwendung von Wasserdampf.

Bei Bränden von Lacken, Teer, Fetten und Oel löscht man durch Aufwerfen von Erde oder Sand, indem man das Feuer erstickt; auch Brände aller Art — Wald- und Haidebrände immer — kann man durch Aufwerfen von Sand oder Erde bewältigen.

Das Löschen eines Brandes durch Abhalten der Luft geht nun auch durch Bedecken mit Laken, Kleidern, Teppichen und Tüchern, dieselben brauchen durchaus nicht feuersicher imprägnirt oder naß gemacht zu sein.

Wir haben sogar gesehen, daß brennender Teer durch Aufschütten eines Sackes mit geschnittenem Stroh — Häcksel — gelöscht wurde, die luftabsperrende Wirkung ist hier eine so plötzliche, daß die brennbaren Mittel, die man zum Zudecken verwendet, nicht genügend erwärmt werden können, um selbst zu brennen. Wir haben gesehen, daß ein cbm Holz mit Hobelspänen ausgefüllt und mit Petroleum begossen im heftigsten Brennen durch das Ueberlegen einer nicht einmal naßgemachten Pferdedecke gelöscht wurde. Die Bewältigung des Feuers gelang hier so schnell, daß in die Decke nicht einmal ein Loch brannte; vollständig zu Kohle verbrannt waren hierbei die Holzscheite noch nicht.

Künstliche Löschmittel oder Chemikalien, die zum Löschen verwendet werden, sind Dinge, mit denen sich der praktische Feuerwehrmann niemals wird befreunden können.

Einzelne Fälle, in denen Chemikalien Vorzügliches leisten werden, wenigstens mehr als Wasser in gleichen Mengen, werden hin und wieder vorkommen, im großen und ganzen werden diese Fälle aber so selten sein, daß man in der Praxis die Chemikalien bei Seite lassen darf.

Die künstlichen Löschmittel lassen sich einteilen in solche, die durch Verdrängen der Luft, d. h. durch eigene Explosion oder eigenes Brennen wirken (Bucher'sche Löschdosen), und solche, die unverbrennliche Gase, Stickstoff, Chlor, schweflige Säure oder Kohlensäure erzeugen (Salmiakgeist und Chloroform), endlich in solche, die den brennenden Körper mit einer unverbrennlichen Schicht umgeben (Lösungen von Salzen und Erden, besonders Alaun und Thonerde).

Diese Löschmittel reichen nicht aus. Eine Bucher'sche Löschdose mitten in ein Feuer hineingeworfen, wird jedenfalls wirksam sein, da durch die Verbrennung derselben unverbrennliche Gase unter Druck sich entwickeln und die Luft zurückdrängen; das Feuer wird momentan niedergehalten werden. Hat man nun Löschwasser bei der Hand, so wird man, vorausgesetzt, daß durch die Gase an den Brandherd zu gelangen ist, augenblicklich besser löschen können, nach kurzer Zeit aber ist der Brennprozeß wieder der alte.

Stickstoff, Kohlensäure und andere Gase kommen noch weniger zur Wirkung, denn die Glut des Feuers erzeugt einen so starken Luftzug, daß diese erstickenden Gase meist ohne weiteres in die Höhe getrieben werden. Kann solches Vertreiben der Gase in geschlossenen Räumen aber nicht geschehen, so sind die Gase hier auch ganz überflüssig, da beim völligen Verbrennen sich Kohlensäure und Wasser bilden, beim glimmenden Feuer aber Kohlenoxydgas, von denen namentlich ersteres ebenfalls erstickend wirkt. In luftdicht verschlossenen Räumen kann man also den Brand sich selbst überlassen, er erstickt von selbst.

Die Lösungen von Salzen und Erden wirken dadurch besser als Wasser, daß sie die brennenden Stoffe mit einer leicht umhüllenden Schicht umschließen. Diese Schicht, welche gewissermaßen eine unverbrennliche Haut bildet, verhindert den Luftzutritt zum brennenden Stoff und wirkt daher luftabschließend. Bei starker Hitze werden die brennbaren Gegenstände aber allein durch die hohe Temperatur so ausgedehnt werden, daß sie in der Umhüllung nicht mehr Platz haben und die unverbrennliche Schicht zersprengen, die brennbaren Gase entwickeln sich dann von innen heraus und der Körper brennt ebenso wie ein nicht mit Salzen umgebener.

Zur Bekräftigung des hier Behaupteten wollen wir eine Beschreibung mehrerer Löschversuche mitteilen, die wir an einem sonnigen Märztage bei + 12° R und bei Windstille vorgenommen haben.

Als Löschmittel wurden nacheinander

1. reines Wasser,
2. gesättigte Kochsalzlösung,
3. gesättigte Alaunlösung,
4. Wasser mit feingeschlemmtem Lehm,
5. Salmiakgeist und

als Brandobjekt

Steinkohle und Holzstücke

verwendet.

Die Versuche wurden folgendermaßen ausgeführt:

Ein Liter gute Steinkohle wurde auf einer Feldschmiede in Brand gesetzt; nachdem die Kohlen gehörig brannten, wurden sechs Stückchen Tannenholz je 12 cm lang und 2 bis $2^1/_2$ cm stark auf das Feuer gelegt und dieses mit Hilfe eines Blasebalges angefacht.

Zum Löschen wurde ein einfaches Wasserglas mit der Flüssigkeit bis zu einer bestimmten Höhe gefüllt und nun die Flüssigkeit auf das heftig brennende Objekt so geschüttet, daß dasselbe an seiner ganzen Oberfläche von ersterer erfaßt wurde. Die Versuche wurden mit den obengenannten Löschmitteln nacheinander mit immer frischen Kohlen und anderem Holz vorgenommen.

Die erste Löschwirkung war jedesmal die gleiche; das Holz war völlig gelöscht und die Flammen der brennenden Kohlen gänzlich beseitigt.

Nach kurzer Zeit brach die Flamme langsam wieder hervor, und nun zeigte sich insofern ein Unterschied, als die Kohle nach dem Löschen mit Kochsalz, Alaun und Lehm, da hier auf derselben eine leichte abschließende Schicht lag, schwerer wieder anbrannte, als bei dem Löschen mit Wasser und Salmiakgeist.

Sodann wurde in einem größeren Tiegel Petroleum entzündet und so lange brennen gelassen, bis dasselbe anfing zu kochen.

Nun wurde je mit denselben Löschmitteln wie oben operiert, es war aber nicht möglich, die Flammen zu töten. Bei dem Löschen mit Salz und Alaun wurde ein Knistern wahrgenommen, und man sah, daß es der Flamme schwerer wurde, wieder durchzubrechen, aber schon nach wenigen Sekunden brannte das Petroleum gerade so heftig als vorher.

Es wurde nun ein Zehnteil der vorher je gebrauchten Löschmenge Chloroform verwendet und der gleiche Versuch wiederholt: die Flamme war sofort erloschen, und das Petroleum ließ sich auch nicht wieder anbrennen.

Des weiteren wurden einige erfolgreiche Löschversuche durch Abschließen der Luft von dem brennenden Petroleum vorgenommen.

Sechsmal wurde die Flamme dadurch erstickt, daß man einen gewöhnlichen Bogen Zeitungspapier schnell auf den Tiegel legte. Nach dem sechsten Versuche war der Bogen Papier nur ein wenig angeräuchert, zerstört aber an keiner Stelle.

Zum Schluß wurde reines Wasser mittelst einer kleinen Gießkanne zum Begießen von Topfblumen auf das brennende Petroleum geschüttet, und die Flamme erlosch gleichfalls sehr bald, die Wirkung lag in dem luftabschließenden verstreuten Wasserstrahl.

Trotz der frappanten Löschwirkung, die mit Chloroform erzielt wurde, glauben wir hiernach behaupten zu dürfen, daß die einfachen Löschmittel richtig angewendet, doch stets zum Ziele führen werden, müssen aber zugeben, daß die Verwendung von Chloroform beim Brennen von Benzin und ähnlichen Sachen dort empfohlen werden dürfte, wo es nicht mehr gelingt, das brennende Oel mit einem verstreuten Wasserstrahl richtig zu fassen.

Was von den häufig angepriesenen Löschgranaten und ähnlichen Mitteln zu halten ist, dürfte die nachfolgende Bekanntmachung am besten zeigen:

Bekanntmachung.

Die seitens der Imperial-Fire-Extinguisher-Co. zu London hergestellten, durch den Civil-Ingenieur Louis Goebel, hierselbst, Schleiermacherstraße 14, in den Handel gebrachten und in umfangreichstem Maße angepriesenen sogenannten

Imperial-Granaten-Feuerlöscher enthalten, wie die vorgenommene Untersuchung ergeben hat, eine 25prozentige Lösung von kristallisiertem Chlorcalcium mit einem halben Prozent Chlorammonium versetzt.

Die Herstellungskosten dieser Granaten inkl. Flasche und Verschluß betragen höchstens **2 Mark** pro Dutzend, während der Verkaufspreis **40 Mark** pro Dutzend ist.

Die nach den Anpreisungen dem Präparat innewohnende feuerlöschende Wirkung beruht im Wesentlichen nur auf der in den Flaschen enthaltenen Menge Wassers. Durch die Beimischung des Chlorcalciums wird eine Wirkung nur insofern erzielt, als der Gegenstand, welcher vom Feuer betroffen ist, **an denjenigen Stellen,** an welchen die Flüssigkeit den Gegenstand benetzt, mit einer Kruste von geschmolzenem Chlorcalcium überzogen und somit die Luft von dem verbrennlichen Gegenstand abgeschlossen werden kann.

Die außerordentlich geringen Mengen von Chlorammonium sind gänzlich ohne Einfluß.

Eine Entwickelung von feuerlöschenden Dämpfen oder Gasen, auf welche in den Anpreisungen die besondere Wirkung des Präparates zurückgeführt wird, findet, abgesehen von den Wasserdämpfen, welche in gleichem Maße von einer gleichen Menge gewöhnlichen Wassers entwickelt werden würden, überhaupt nicht statt.

Vorstehendes wird hiermit zur öffentlichen Kenntniß gebracht.

Berlin, den 15. Oktober 1889.

Der Polizei-Präsident.

Freiherr von Richthofen.

Wenn nun die chemischen Löschmittel, welche durch erstickende Gase wirken sollen, schon an und für sich keine praktische Bedeutung haben, so sind die Lösungen von Erden und Salzen sogar gefährlich.

Wer einen Brand an seinem innersten Herde einmal bekämpft hat, der wird wissen, daß es nur in seltensten Fällen gelingt, den löschenden Strahl ausschließlich an den Herd des Feuers zu bringen, die nähere Umgebung wird selbst in den günstigsten Fällen in Mitleidenschaft gezogen. Der Schaden aber, der dadurch angerichtet wird, daß nicht gefährdete Sachen durch Salzlösungen beschädigt werden, ist oftmals, besonders bei kleineren Bränden, größer als der eigentliche Brandschaden überhaupt. Da nun aber nicht nur Sachen, sondern auch die löschenden Personen selbst von dem Strahle sehr häufig getroffen werden, so sind die chemischen Löschmittel unter Umständen gar nicht verwendbar.

Als wirksame Löschmittel bleiben nach den vorgegangenen Ausführungen nur Wasser und die Abschließung des Luftzutrittes übrig, sei es nun, daß man solches durch Ueberlegen von Decken und dergleichen oder durch Aufwerfen von Sand und Erde, oder aber durch möglichst luftdichtes Verschließen der gefährdeten Räume bewirkt, sodann Entziehung der Nahrung.

Bei der Besprechung der Bewältigung eines Brandes wollen wir daher nur mit diesen letztgenannten Mitteln rechnen.

5. Das Löschen eines Kleinfeuers.

Ein Schadenfeuer, welches zu löschen ist, ohne daß eine große Spritze in Betrieb gesetzt werden muß, bezeichnen wir mit Kleinfeuer.

Solches Feuer wird im Freien befindliche Gegenstände, kleine Baulichkeiten, Konstruktions- bezw. Bestandteile größerer Gebäude und in Räumen befindliche Gegenstände ergriffen haben.

Unsere Löschmittel waren Begießen mit Wasser, Ersticken durch Bewerfen oder luftdichtes Abschließen sowie Entziehung der Nahrung.

a) im Freien.

Brennt etwas im Freien, ein Holzhaufen, ein Geländer, Heu, Stroh und ähnliches, oder auch eine kleinere Baulichkeit, als eine Hütte, ein Stall und dergleichen mehr, so wird man zuerst den Brand dadurch auf seinen Herd zu beschränken suchen, daß man aus der nächsten Umgebung des Feuers leicht brennbare Gegenstände entfernt und ebenso das brennende Objekt selbst auseinander zu reißen sucht.

Man verhindert so die Weiterverbreitung und zerteilt das eine Feuer in mehrere kleinere, die einzeln für sich leichter zu löschen sind. Begießen mit Wasser mit Hilfe gewöhnlicher

Eimer, Butten, Töpfe und dergleichen, oder Bewerfen mit Erde erlöschen nun den Brand. Sind die Brandobjekte nicht ohne weiteres niederzureißen und kann man sie auch nicht mehr ausgießen, so wird zur kleinen Handspritze oder Buttenspritze zu greifen sein.

Man sucht nun so nah wie irgend möglich an den Feuerherd zu gelangen, sodaß der Wasserstrahl den brennenden Gegenstand aus nächster Nähe faßt. „Nie darf man ohne Wahl „in die helle Flamme spritzen, sondern immer muß „das Wasser an den brennenden Stoff, d. h. an das „Stroh, das Holz, die Kohle u. s. w. herangespritzt „werden."

Des weiteren lösche man von unten nach oben und nicht von oben nach unten.

Wenn die Glut so stark ist, daß man nicht ohne weiteres an das Feuer gelangen kann, so muß man sich durch Vorhalten von Brettern, Thüren, Körben oder Asbestschilden vor der Gluthitze sichern und in gebückter Stellung oder selbst kriechend an den Brandherd zu gelangen suchen.

Ganze Wände sind oft mit einem Schlage zu löschen, wenn man den Wasserstrahl durch Gegenhalten des Daumens an denselben zerstreut, sodaß er die ganze Wand wie mit einer leichten Wasserhaut bedeckt. Eine Zerstreuung des Wasserstrahls läßt sich auch durch besonders konstruierte Mundstücke bewirken.

Es kann Fälle geben, wo das Löschen von oben nach unten zweckmäßiger ist, weil in diesen Fällen die Weiterverbreitung des Feuers nach oben gehemmt wird, und auch einiges Wasser vielleicht herabläuft und noch mit löschend wirkt, aber die Regel bleibt:

„Es ist von unten nach oben zu löschen."

Bei dem Löschen von unten nach oben soll man nun nicht direkt an der Erde beginnen, sondern etwa einen Meter hoch über dem unteren Rande des Feuers; das herunterlaufende Wasser wird auf diese Weise noch völlig ausgenutzt, und es geht kein Tropfen Wasser verloren.

Man belächele hier nicht die große Sorgfalt um den Tropfen Wasser, aber was man bei jeder Gelegenheit beobachtet, das wird man auch nicht vergessen, wenn man es einmal unbedingt thun muß.

Wie häufig ist es schon vorgekommen, daß man beim Löschen nur einen Wasserwagen voll Wasser hatte, und als dieser verbraucht war, da ging das Feuer weiter und alle bisherige Mühe war verloren: Ein Eimer voll noch, und der Brand wäre erstickt gewesen! Das Wasser aber war verbraucht, und zum Teil — unnötig.

Geht man immer mit dem Wasser vorsichtig um, so wird man es auch in Räumen thun, wo Wasser vielen Schaden anrichten kann, und dieser Umstand ist so wichtig, daß wir dem Wasserschaden ein ganzes Kapitel widmen müssen.

Ehe wir nun zu den Bränden in oder an Gebäuden übergehen, wollen wir noch kurz besprechen, weshalb man das Feuer der Regel nach nicht von oben her angreifen soll.

Rauch und Hitze steigen nach oben und gestatten nicht, den wirklich brennenden Gegenstand zu sehen, der bespritzt werden soll.

Beim Löschen von unten faßt man das Feuer an seiner wehrlosen Stelle an, Rauch und Hitze belästigen einen nicht.

Löscht man erst oben ab, so bringt die von dem unteren Feuer aufsteigende Glut das Wasser zum Verdampfen, unter Umständen sogar zur Zersetzung und das Feuer brennt weiter.

Hat man oben gelöscht, aber unten nicht, so sind die unteren Konstruktionsteile unter Umständen so schwach geworden, daß sie die oberen Partien nicht mehr tragen können, und das Ganze bricht zusammen.

Wie anders, wenn man unten anfängt!

Was gelöscht ist, wird nicht wieder entzündet, der von unten aufsteigende Wasserdampf verdrängt die Luft und hilft mit löschen, ein Teil nach dem anderen wird dem Element abgerungen, langsam aber sicher bewältigt man es vollständig.

Wenn die oberen Teile zerstört sind und zusammenbrechen, so ist wenigstens der ganze untere Teil gerettet. Und dann die Annehmlichkeiten oder günstigen Chancen beim Kampfe mit dem Feuer selbst!

Auszuhalten hat man beim Brande fürwahr genug; ist es also möglich, ohne große Belästigung durch den nach oben steigenden Rauch und die nach oben am meisten wirkende Glut zu arbeiten und doch sein Ziel zu erreichen, so soll man sich diesen Vorteil auch nicht entgehen lassen.

Mit dem Löschen von unten nach oben ist nun aber nicht gemeint, daß der Rohrführer von der Erde aus mit dem sogenannten Bogenschuß in brennende Räume der oberen Etagen oder auf brennende Dächer spritzen soll, denn damit würde der Grundregel entgegengehandelt, die verlangt, daß man dem Brandherde unmittelbar auf den Leib rücken muß.

Der Weitwurf oder Bogenschuß ist nur gestattet bei Bränden von Rohr-, Stroh- und Schilfdächern, beim Benässen gefährdeter Baulichkeiten leichter Konstruktion sowie bei vollständig vom Feuer ergriffenen Gebäuden, Holzstapel und dergleichen mehr.

b) im Gebäude.

Die Brände im oder am Gebäude selbst sind nun meistens nicht mehr so leicht zu bewältigen, da hier das Auffinden des eigentlichen Brandherdes häufig schon große Schwierigkeiten verursacht. Als wichtiger Faktor tritt hier der Rauch in seine Rechte.

Da die Bewältigung des Rauches und die mit dem Rauch verbundenen Gefahren eine gründlichere Besprechung verlangen, wollen wir erst diejenigen Kleinfeuer kurz erledigen, bei denen der Rauch noch unbedeutend ist.

In Räumen selbst werden Kisten mit Gerümpel, Stroh, Brennmaterialien, Betten, Möbel, Hausgerät und Dekorationsgegenstände, besonders Gardinen und Portieren, sowie ähnliche bewegliche Dinge brennen können.

Ist man an den Brandherd gelangt, so genügen meistens einige Eimer Wasser zu seiner Bewältigung. Alsdann werden die noch glimmenden Sachen so schnell wie möglich ins Freie befördert und erst dort gänzlich gelöscht. Die vom Feuer größtenteils zerstörten Sachen, welche nur noch wenig Wert haben, wirft man aus dem Fenster, noch wertvolle Sachen müssen dagegen sorgfältig herausgeschafft werden. „Beim „Hinauswerfen von Sachen aus dem Fenster ist vor„her nachzusehen, ob niemand sich unten befindet, „der von dem Gegenstande getroffen werden könnte,

„und ob durch das Herunterwerfen nicht andere „Sachen, seien es auch nur Sträucher und Beete, be„schädigt werden können.“

Gestatten die örtlichen Verhältnisse oder die Größe der brennenden Gegenstände ein Fortschaffen nicht, so muß im Zimmer alles endgültig gelöscht werden. Die kleine Handspritze und der Löschpinsel kommen hier zur Verwendung. Die richtige Verwendung eines Eimers voll Wasser muß praktisch erlernt sein.

Schüttet man beim Brennen von Federbetten, deren Laken bereits zerstört sind, das Wasser blindlings auf dieselben herauf, so werden die Federn in dem Zimmer herumfliegen, aber gelöscht sind sie nicht.

Man muß hier das Wasser sorgfältig überlaufen lassen.

Handelt es sich um Sachen, die nicht leicht herumstäuben, so gieße man den Eimer oberhalb des Brandherdes so aus, daß das Wasser gewissermaßen momentan in der Luft ausgebreitet schwebt und nun gleich einem dicken Tuch den ganzen Gegenstand bedeckend herabfällt.

„Ein geschickt verwendeter Eimer voll Wasser verrichtet beim Löschen oft Wunderdinge, die alle künstlichen Löschmittel in den Schatten drängen.“

Gardinen und Portieren reißt man mit Stöcken, Schippen oder Besen herab und schüttet dann etwas Wasser darauf.

Hoch oben befindliche Sachen sind mit der kleinen Handspritze zu löschen; um dieselben gut mit dem Strahl zu treffen, muß man mit der Leiter an dieselben heransteigen. In vielen Fällen leisten die Stockspritze ebenso wie die Reichelsche Löschkanne, eine Kombination von Eimer und Stockspritze, gute Dienste.

Das zum Löschen verwendete und auf die Erde gelaufene Wasser ist mit Hilfe von Wasserschippen, Besen und Scheuerlappen so schnell wie möglich aufzuwischen, damit es nicht durch die Decken dringt und diese beschädigt. — Siehe Wasserschaden. —

Brennen Teile einer Wand, Schaldecken oder Balken unter Oefen und Kochherden, und ist der Brandherd ohne weiteres aufzufinden, ohne daß man durch Rauch belästigt wird, so mache man vorerst die kleine Handspritze zum Arbeiten fertig und reiße dann Schalbretter, Fußböden u. s. w. auf, um auch richtig an den brennenden Gegenstand heranzukönnen. Erst nachdem dieser freigelegt ist, gebe man Wasser. Bei Balkenbränden unter Kochherden und Oefen müssen diese meistens abgebrochen werden.

Da beim Abreißen von Kachelöfen nun sehr viel Staub aufwirbelt, so müssen die Thüren nach den Nebenzimmern sorgfältig verschlossen werden, weil bei wertvollen Sachen durch den umherfliegenden Staub sonst großer Schaden angerichtet werden kann.

Beim Abreißen der Schaldecken und beim Losreißen der Bretter von berohrten und beputzten Wänden ist gleiche Vorsicht geboten.

Bei brennenden Bestandteilen der Gebäude benutze man immer die kleine Handspritze, damit das Wasser unter „Druck“ den brennenden Gegenstand trifft, aber immer muß man das Mundstück des Schlauchrohres in nächste Nähe des Gegenstandes bringen.

Wasser, unter starkem Druck auf brennendes Holz gespritzt, durchdringt die bereits verkohlten Teile und schützt, bis an das noch gesunde Holz dringend, dieses vor dem Wiederanbrennen.

Ist Holz nur leicht angekohlt, so kann man mit Hilfe des Löschpinsels oder Mauerquastes das Wasser heranwerfen, und dasselbe auf diese Weise genügend benässen.

Brennen Gegenstände, die sehr viel Rauch entwickeln, so kommt es darauf an, ob dieselben im Keller, im Erdgeschoß, einer höher gelegenen Etage, oder auf dem Boden brennen.

Kellerbrände, die häufig genug nur eine Hand voll brennbaren Stoffes ergriffen haben, bereiten den Löschmannschaften oftmals mehr Schwierigkeiten, als Brände größter Fabriken. Das Feuer tritt hier mit all seinen Belästigungen für den Feuerwehrmann auf, d. h. mit seinem giftigen Kohlenoxydgas. Der Angriff muß von oben her erfolgen, und hat man daher die ungünstigsten Chancen dem Brande gegenüber. Der erstickende Rauch dringt durch Kellerfenster und Kellerthüren, oft genug oben in die Wohnungen hinein, alles Lebende in denselben gefährdend.

Die Bewältigung eines solchen Kellerbrandes wollen wir möglichst eingehend, in Form eines Berichtes, besprechen.

Im Keller des ersten Quergebäudes der O-Straße, in welchem neben anderen Sachen auch Hobelspäne lagern, ist ein Brand ausgebrochen. Der genaue Ort des Brandes ist nicht bekannt, da man das Feuer erst bemerkte, als bereits dicker Qualm aus allen Kellerfenstern drang.

Die durch den nächsten Feuermelder herbeigerufene Feuerwehr erscheint bald auf der Brandstelle und dringt, in gewohnter Weise, rückwärts die Treppe herabkriechend, ohne weiteres in den Keller ein, aber der Elan ermattet plötzlich, Oberfeuermann, Sappeur und Rohrführer kommen schleunigst ins Freie zurück, der jüngere Offizier steht ratlos da und der in langjährigem Dienst erprobte Oberleitende ist momentan auch unschlüssig, was er machen soll.

Aber bald ertönt eisern sein Kommando: „Vorwärts mit Atmungsapparat.“ Derselbe ist schleunigst zur Stelle und wird mit der großen Handspritze verbunden. „Luft pumpen“ ertönt das weitere Kommando, aber kaum ist gepumpt, als der Feuermann, der den Apparat angelegt hatte, mit allen Geberden des Schreckens den Apparat von sich schleudert.

Gummierte Hanfschläuche waren, um bei der heißen Jahreszeit nicht zu kleben, durch Einblasen von Talkum gesichert, und dies Talkum war dem armen Kerl mit großer Vehemenz in die Lungen geblasen.

Man pumpte nun erst alles Talkum aus den Schläuchen heraus und gab dann einem andern den Atmungsapparat, aber auch sein hochgerötetes Gesicht zeigte sehr bald, daß etwas nicht in Ordnung sein konnte, er riß den Apparat vom Munde und taumelte, einem Kameraden in die Arme sinkend; man hatte ihm zu viel Luft eingeblasen.

Ein dritter kam an die Reihe, sorgfältig wurde nachgeforscht, ob beim stärksten Pumpen noch Talkum herausflog, und als solches nicht mehr bemerkt wurde, da bekam er den Apparat vor den Mund und nun wurde erst vorsichtig erprobt, wie schnell man pumpen mußte, um die wirklich nötige Luft zuzuführen.

Aber trotz aller Vorsichtsmaßregeln versagte auch der dritte Mann und ebenso ein vierter, welcher eine Loebsche Rauchmaske trug.

Beide hatten nämlich husten müssen, und war bei dieser Manipulation weder der eine noch der andere Apparat brauchbar gewesen. Den Apparat hätte nur jemand anlegen dürfen, dessen Atmungsorgane noch nicht durch Rauch gereizt waren, und dessen Lungen ganz normal arbeiteten.

NB. Beim Feuerschutzanzug, dem Rauchhelm und der Rauchmaske ist zu stark eingeblasene Luft unschädlich.

Der nun weiter versuchte Angriff war von besserem Erfolg.

Der fünfte Mann bekam den Schlauch einer großen Handspritze mit, den er als Luftzubringer vor den Mund hielt.

Dieser kam bis weit in den Keller, fand aber den eigentlichen Herd noch nicht.

Da der Rauch nun etwas nachgelassen hatte, so probierte man auch, rückwärts die Treppe hinunterrutschend, den Mund unmittelbar an die Treppenstufen gehalten, auf den Kellerfußboden zu gelangen und hier, wo man noch atembare Luft vorfand, auf dem Bauche liegend, den Feuerherd aufzusuchen, aber auch dieser Versuch blieb erfolglos.

Unter Hineinspritzen von Wasser mit Wenderohr nach allen Richtungen wurden diese beiden letzten Versuche nun immer wiederholt; immer mehr Meldungen besagten, daß der Feuerherd da und da nicht sei, und so wurden die weiteren Angriffe nur noch ausschließlich auf den übrigbleibenden Teil des Kellers gelenkt.

Als man nun auch noch an einem Fenster der Kellerseite, an der man den Feuerherd vermuten durfte, einen leichten Feuerschein wahrnahm, da griff man hier mit Wasser rücksichtslos an, und es gelang denn auch, endlich das Feuer zu bekämpfen.

Auf einem größeren Haufen Hobelspäne hatten einige Hände voll von denselben gebrannt, wahrscheinlich entzündet durch Funken, welche aus einer nicht dicht schließenden Schornstein-Reinigungsthür geflogen waren; und welche Mühe war aufgewendet! Der Oberleitende, der Offizier der Wasserzufuhr und der Offizier im Feuer, alle disponiblen Oberfeuermänner und Mannschaften hatten ihr Möglichstes versucht, und alle fühlten sich heftig beklommen und von rasendem Kopfschmerz ergriffen. Kurze Zeit nach diesem Brande starb der dabei stark mitgenommene Oberfeuermann St........ an Erscheinungen des Deliriums. Da St. als sehr nüchterner Mann galt, so hatte sich herausgestellt, daß Rauchvergiftungen ähnlich Alkoholvergiftungen wirken können.

Beim Vordringen in stark verqualmte Räume muß man eine Leine mitführen, die am Eingange des Raumes von einem anderen gehalten und, je nachdem der Zug an derselben stärker und schwächer wird, leicht nachgelassen oder angezogen werden muß. Der mit der Leine Vorgehende hat an dieser einen sichern Wegweiser für den Rückzug.

Als einfachstes und bequemstes Mittel zur Löschung der Kellerbrände wird das Ersticken derselben empfohlen.

Da nun aber luftdicht abgeschlossene Räume selten vorhanden sind, das Feuer bei mangelndem Luftzutritt zwar nicht hell brennen, wohl aber weiter schweelen kann und sehr häufig beim Wiederöffnen der verpackten Fenster und Thüren sofort wieder hell aufbrennt, so hält man in der Praxis vom Ersticken der Kellerbrände nicht viel. Bei fast allen Kellerbränden ist das Auffinden des Feuerherdes schwierig, und haben in vielen Fällen Offiziere und Mannschaften hierbei alle Stadien der Seekrankheit durchzumachen.

In den meisten Fällen gelingt es allerdings, rückwärts die Treppe hinabrutschend und unten im Keller auf dem Bauche dahin kriechend, wo hellerer Schein bemerkbar ist und wo Knistern sich vernehmbar macht, an den Herd des Feuers zu gelangen und dann demselben mit einigen Eimern voll Wasser den Todesstoß zu versetzen.

Will dieses nicht glücken, so hilft Hin- und Herspritzen mit Wasser zum Auffinden des Feuers mit, da der Feuerherd sich hierbei insofern bemerkbar macht, als das denselben treffende Wasser ein zischendes Geräusch giebt.

Als Schutz gegen den Rauch benutzt man

1. den herausgespritzten und verstreuten Wasserstrahl;
2. den Schlauch einer Spritze, welche Luft pumpt;
3. einen mit Essig getränkten Schwamm, oder ein Tuch, welche vor den Mund genommen werden;
4. den Feuerschutzanzug, den Rauchhelm oder die Rauchmaske;
5. den Hönigschen Atmungsapparat;
6. die Loebsche und ähnliche Rauchkappen, in denen die rauchgeschwängerte Luft filtriert wird;
7. tornisterartig eingerichtete Behälter mit komprimierter Luft oder mit Sauerstoff.

Kein Apparat ist überall verwendbar, und jeder einzelne hat für gewisse Fälle seine Vor- und Nachteile.

Unserm Programm gemäß dürfen wir uns auf die Besprechung der einzelnen Apparate hier nicht einlassen.

Eine eingehende Besprechung der Apparate von Branddirektor Strehl aus Altona siehe Zeitschrift Prometheus, Jahrgang 1890, Nr. 30 und 31.

Während der letzten Jahre sind die Rauch- und Atmungsapparate in den mannigfaltigsten Formen und, unter Verwendung von Asbest, auch unverbrennlich hergestellt worden, ohne daß im Prinzip Neues geschaffen wäre.

Der bei der Altonaer Berufsfeuerwehr eingeführte Königsche Apparat ist sogar mit Sprecheinrichtung versehen worden, sodaß eine Verständigung zwischen dem im Rauche arbeitenden Mann mit draußen stehenden möglich ist.

Bei Bränden im Erdgeschoß und den höheren Etagen ist der Rauch nicht mehr so gefährlich, da es hier fast immer gelingt, durch Oeffnen der Thüren und Einschlagen der oberen Fensterscheiben Luftzug zu erzeugen.

Von besonderer Bedeutung sind im Erdgeschoß die Ladenbrände, weil man diese vielfach nicht vom Hausflur, sondern direkt vom Schaufenster angreift. Es kann nun leicht vorkommen, daß die Schnur, welche die Rollläden festhält, abbrennt, und diese dann herunterfallen. Ebenso können große Scheiben herabfallen, wenn deren untere Teile beseitigt wurden. Die Gefahr, daß ein Feuerwehrmann durch die herunterkommenden Rollläden eingesperrt wird, ist nicht gering, und man thut gut, das Herunterfallen von Scheiben und Läden durch Unterstellen von Gegenständen oder durch Einschlagen von Nägeln und dergleichen zu verhindern.

Die höhergelegenen Fenster erreicht man mit Hilfe der Leiter.

Die Anstelleiter ist die beste und sicherste, es folgt die Schiebe- oder mechanische Leiter und in letzter Linie die Hakenleiter. Die Hakenleiter ist zwar ein gefährliches Instrument, dafür aber fast überall verwendbar. Man muß daher fleißig mit derselben üben, um auch sicher zu gehen.

Brennen Stiele in der Wand oder Balken unter Oefen und Herden, so ist das Feuer oft schwer zu finden.

Wenn die Balkenlage unter Oefen und Kochmaschinen brennt, kann der Ofen durchbrechen und die unten arbeitenden Leute beschädigen, was zu berücksichtigen ist.

Hat man für Abzug des Rauches einigermaßen gesorgt, so muß das Feuer gesucht werden. Befühlen des Fußbodens, Einbohren von Löchern in den Dielen, Wegreißen der Scheuerleisten und Aufreißen einiger Dielen möglichst in der Nähe der Oefen und Schornsteine führen hier meistens zum Ziele. In einzelnen Fällen muß man das Ohr auf den Fußboden legen, und glückt es hier manchmal, das Knistern des Feuers zu hören. In Zwischendecken sucht man über Hängelampen oder Stehlampen bei doppelten Brettwänden in der Nähe der Oefen da, wo die Feuerung im Ofen liegt, und da, wo das Ofenrohr durchgeführt ist.

Auch Verpackungen der Dampfheizungsrohre brennen manchmal.

Ist das Feuer gefunden, dann muß man rücksichtslos aufbrechen und so schnell wie möglich Wasser aus nächster Nähe herangeben; hat erst ein Wasserstrahl den Feuerherd getroffen und ist erst Wasserdampf da, so hat man auch bald gewonnen Spiel.

Bei kleinen Feuern, die auf Böden ausgebrochen sind, stößt man das Dach oder die Oberlichter ein, am besten mit der Stockleiter, doch muß man sich dabei vor der Beschädigung durch herabfallende Glassplitter sorgfältig hüten.

Das Einstoßen des Daches muß möglichst an der höchsten Stelle geschehen, weil hierbei der kräftigste Luftzug entsteht.

Große Gefahr bedingen auch auf den Böden befindliche Luken, ausgespannte Wäscheleinen und irgendwelche dort aufgestellte Gegenstände mit scharfen Teilen, als Heugabeln, Waffen und dergleichen.

Am besten kriecht man auf der Erde, die Laterne vor sich herschiebend und eine Leine in der Hand haltend, die am Eingange gehalten und allmählich nachgelassen wird.

Aufrecht gehend muß man den Fußboden durch Auftreten untersuchen und zum Schutze vor Gegenständen, an denen man sich verletzen könnte, stets mit einem Stock oder mit der Waffe vor sich in der Luft herumsuchen.

Als besondere Kleinfeuer in Gebäuden sind Schornsteinbrände zu bezeichnen.

Niemals darf man einen brennenden Schornstein verstopfen oder Wasser in denselben gießen, man lasse ihn vielmehr ausbrennen.

Ist der Brand so stark, daß der Schornstein Risse bekommt, so wird in jeder Etage ein Mann postiert mit einer Mulde voll Lehm, einer Kelle, einem Eimer voll Wasser und einem Löschpinsel. Leicht brennbare Gegenstände sind aus der Nähe des Schornsteins, insbesondere der Reinigungsthüren zu entfernen, herausfliegende Funken werden mit Hilfe des Löschpinsels unschädlich gemacht und etwa sich im Schornstein zeigende Risse werden mit Lehm verstrichen.

6. Das Löschen eines Mittelfeuers.

Mit Mittelfeuer wollen wir einen Brand bezeichnen, der allein liegende Baulichkeiten, als kleinere Ställe, Scheunen und Wohnhäuser, sowie Schuppen, Remisen, Schober, Feimen, Holzstapel u. dgl. mehr ergriffen hat; gleichfalls sollen größere Baulichkeiten, welche zum Teil brennen, bei denen die Nachbarschaft jedoch nicht gefährdet erscheint, hier besprochen werden.

Die Bewältigung dieser Brände ist nur noch mit Hilfe der großen Hand- bezw. Dampfspritzen oder unter Benutzung einer Wasserleitung möglich, und müssen daher Schlauchleitungen ausgelegt werden.

In den Gebäuden sind stützende Konstruktionen wie auch abschließende Teile, als Wände und Zwischendecken zerstört, auch sind Treppen und Zugänge unter Umständen nicht mehr zu passieren.

Das Vornehmen der Schläuche geschieht, soweit uns solches bekannt geworden ist, auf vierfache Art.

1. Der Schlauch, welcher bereits verkuppelt auf einer am Fahrzeug befestigten drehbaren Welle angebracht ist, wird von dieser herabgezogen, etwa alle zehn Meter von Leuten ergriffen und so nach der Brandstelle getragen.
2. Die Schlauchleitung liegt auf einer Welle, die sich von der Spritze abnehmen läßt und beiderseits Handgriffe hat.

   Man verkuppelt das obenliegende Schlauchende mit der Spritze, hebt die Welle ab und läuft mit ihr zur Brandstelle, wobei der Schlauch sich ohne weiteres abrollt und auf die Erde legt.
3. Die Schlauchleitung wird aus einzelnen Schlauchenden zusammengesetzt, die von der Spritze aus nach der Brandstelle oder umgekehrt einzeln ausgelegt und dann zusammengekuppelt werden.
4. Die Schlauchleitung wird von einer fahrbaren Haspel oder einem Schlauchwagen, die von der Spritze nach der Brandstelle oder umgekehrt gefahren werden, abgewickelt und so niedergelegt.

Das Vornehmen des Schlauches in der erstbesprochenen Weise erfordert viele Mannschaften, geht aber unter gewöhnlichen Umständen, wenn Zugänge und Treppen günstig liegen, glatt und schnell von statten.

Die Schlauchleitung liegt auf der Treppe und kann daher bei etwa entstandenen Defekten leichter in Ordnung gebracht werden. Losgegangene Kuppelungen können wieder zusammengesteckt werden, ohne daß die Leitung umgelegt zu werden braucht, ebenso lassen sich aufgeplatzte Stellen im Schlauche sofort an Ort und Stelle unschädlich machen.

Mit dieser Art des Auslegens sind aber auch große Nachteile verbunden. Beim Ausliegen mehrerer Schläuche auf den Treppen werden diese schwer passierbar; beim Platzen eines Schlauches läuft das ganze Wasser in das Haus und richtet unter Umständen großen Schaden an; beim Auslegen mehrerer Leitungen, die nach dem ersten Niederlegen anderweit gekuppelt werden müssen, kommen leicht Verwechselungen der Leitungen vor. Bei ungünstiger Lage der Zugänge und Treppen wird die Leitung eine sehr lange, die Reibung in den Schläuchen wird daher größer, und da gleichzeitig mehr Gelegenheit vorhanden ist, daß sich Knicke in der Schlauchleitung bilden, so wird häufig der Druck des ausspritzenden Wasserstrahls ein geringerer.

Da nach dem Auslegen der Schlauchleitung die Mannschaften erst wieder zur Spritze zurücklaufen müssen, so tritt im Wassergeben eine Verzögerung von der Dauer ein, die das Zurücklaufen der Mannschaften von der ausgelegten Leitung bis an die Druckbäume der Spritzen erfordert.

Das Auslegen der Schlauchleitung mit Hilfe der abnehmbaren Wellen erfordert unter normalen Verhältnissen und bei den gebräuchlichen Schlauchweiten von 43 mm nur zwei Mann und geht am schnellsten vor sich, nur muß man für den Rohrführer einen oder einige doppelt gerollte Schläuche extra mitführen, weil sich die Welle Leitern und enge Treppen nicht wohl herauftragen läßt.

Beim Zusammenlegen der Schlauchleitung aus einzelnen Schlauchenden sind viele Mannschaften nicht erforderlich, sind aber mehrere Mannschaften disponibel, so können solche auch gleichzeitig verwendet werden.

Beim Schlauchauslegen können Hindernisse leicht überwunden werden, auch ist es nicht erforderlich, immer die Gebäudezugänge und Treppen zu benutzen, da man einzelne Schläuche mit Hilfe der Leine von den Fenstern aus heraufziehen kann.

Bei dieser Art des Schlauchauslegens werden die einzelnen Schläuche aufgerollt auf eine eiserne Stange gesteckt und so abgewickelt, daß ein Mann mit der Stange, auf der ein oder mehrere Schläuche aufgerollt sitzen, vorgeht, während ein anderer den Schlauch festhält und so abzieht. Da jeder Schlauch an den anderen erst angekuppelt werden muß, so geht hiermit unter Umständen mehr Zeit verloren als mit der zuerst besprochenen Art.

Da die Unterbringung der Schläuche auf den Fahrzeugen hier sehr leicht zu bewerkstelligen ist, die Schlauchleitung auch von nur zwei Mann schon ausgelegt werden kann, so empfiehlt sich diese Art für kleinere detachierte Feuerwachen, besonders beim Vorhandensein einer Wasserleitung, aus der direkt gespritzt werden kann. Noch schneller kommt man zum Ziele, wenn die einzelnen Schläuche doppelt gerollt sind.

Wenn die Schläuche vermittelst der Haspeln ausgelegt werden sollen, so muß auf den Fahrzeugen der genügende Raum für diese Haspeln vorhanden sein.

Man kann mit einer Haspel arbeiten oder deren zwei verwenden. Wenn zwei Haspeln verwendet werden, so legt man die Schlauchleitung von der Brandstelle nach der Spritze und von der Spritze nach der Brandstelle hin zugleich aus. Beim Zusammentreffen beider Schlauchleitungen werden diese verkuppelt.

Bei Verwendung von Verschraubungen ist sorgfältig zu beachten, daß von der einen Haspel nur die Vater-, von der andern nur die Mutterschraube abgezogen werden darf. Da hier manchmal Versehen vorkommen können, so ist diese Art des Schlauchvornehmens immerhin riskant; bei Verkuppelungen ist diese Gefahr natürlich nicht vorhanden. Das Auslegen der Schlauchleitung geht bei Verwendung zweier Haspeln sehr schnell, die Schlauchleitung läßt sich allen örtlichen Verhältnissen leicht anbequemen, die Treppen können jedoch nicht benutzt werden.

Man verfährt in der Weise, daß ein Schlauch mit in die Brandstelle genommen und hier vom Brandherd aus nach dem nächsten Fenster hin ausgelegt wird. Von diesem Fenster aus zieht man nun mit der Fangleine das Schlauchende, welches von der Haspel, die unter das Fenster gebracht werden muß, abgewickelt wird, herauf und kuppelt es oben an.

Die Haspel fährt nun nach der Spritze hin oder der von

dort aus kommenden anderen Haspel entgegen. Zur Bedienung jeder Haspel sind zwei Mann erforderlich.

Damit oben am Fenster der Schlauch nicht einen scharfen Knick bekommt, muß derselbe am Fensterkreuz oder einem anderen oberhalb der Fensterbank belegenen geeigneten Punkte vermittelst des Schlauchhalters aufgehängt werden, event. benutzt man den Schlauchsattel.

Der Schlauchhalter wird an seinem unteren Ende um die Kuppelung geschlungen.

Das Heraufnehmen des Schlauches außen am Hause hat viele Vorteile. Die Schläuche werden auf dem kürzesten Wege vorgenommen, dieselben versperren nicht die Treppen und können nicht leicht verwechselt werden, auch kann beim Platzen eines Schlauches, was hier sofort bemerkt wird, im Hause kein Wasserschaden entstehen. Eine schadhaft werdende Stelle am aufgehängten Teile des Schlauches kann jedoch ohne Leiter nicht an Ort und Stelle repariert werden und macht stets das Außerbetriebsetzen und Herablassen der Leitung nötig.

Man wird also gut thun, sich nicht unbedingt an eine bestimmte Art des Schlauchvornehmens zu halten, und je nach Umständen die eine oder andere Manier bezw. die Kombination der einzelnen anwenden. Es wird daher notwendig, bei den Exerzitien die verschiedenen Arten des Schlauchvornehmens einzuüben.

Die Mittelfeuer selbst wollen wir besprechen nach der Art der ergriffenen Gebäude und nach der Lage der Brandstelle im Gebäude.

Brände in Wohnhäusern werden im Keller, im Erdgeschoß, einer höheren Etage oder im Dachboden ausgebrochen sein. Weiter ist zu berücksichtigen, ob die Räume bei Ankunft der Feuerwehr bereits allseitig offen oder noch verschlossen sind; sodann ob das Feuer bereits mehrere Etagen ergriffen hat.

Da Flammen und Rauch nach oben steigen und der Angriff auf Kellerbrände der Regel nach nur von oben her unternommen werden kann, so sind Kellerbrände am schwierigsten zu löschen.

Nachdem durch Wassergeben die aus dem Eingange schlagende Flamme bewältigt ist, kriecht man rückwärts, den Schlauch nachziehend, so schnell wie möglich durch den heißen Rauch auf die Kellersohle herab, legt sich unten platt auf die Erde und kriecht dann an das Feuer heran.

Wirkt der Rauch selbst an der Kellersohle noch lästig, so kann man den Mund direkt an den ausströmenden Wasserstrahl halten; der Wasserstrahl reißt rauchgeschwängerte Luft mit sich fort und in den in der Nähe des Mundstückes entstehenden luftverdünnten Raum wird atembare Luft hineingedrückt.

Noch besser schützt man sich vor dem Rauch, wenn man den Wasserstrahl brauseartig zerteilt oder verstreut, man kann hierdurch größere Mengen Rauch vertreiben.

Ist das Feuer direkt aufzufinden, so werden häufig in den Kellergängen umherstehende Hausgeräte oder Verschläge den Zugang zu demselben verhindern. Es ist Sache des mit dem Rohrführer hinabsteigenden Sappeurs, hier freie Bahn zu schaffen. Alle umherstehenden, den Weg versperrenden Sachen werden aus dem Keller herausgeschafft. Abgelöschte oder nur teils abgelöschte Gegenstände sind gleichfalls nach außen zu schaffen, damit sie hier völlig abgelöscht werden können.

Der Offizier im Feuer hat dafür zu sorgen, daß Sappeur und Rohrführer möglichst abgelöst werden.

Der Offizier direkt vor der Brandstelle muß darauf achten, daß die heraufgeschafften Gegenstände den Zugang zum Keller nicht versperren, daß die Kellerthür möglichst frei bleibt und nicht unnötig viele Leute vor dem Kellereingange stehen und hier den Zutritt der freien Luft verhindern.

In einzelnen Fällen kann es zweckmäßig sein, mit einem frischen Reiserbesen den aus dem Keller steigenden Rauch nach oben zu schlagen und so mehr frische Luft in den Keller einströmen zu lassen.

Damit die im Feuer arbeitenden Mannschaften stets einen sicheren Rückzug behalten, darf durch die herausgeschafften Sachen die Kellertreppe niemals versperrt werden. Müssen daher größere Sachen beiseite geschafft werden, die beim Herausbringen die ganze Treppe einnehmen würden, so bringe man solche Stücke lieber in einen nicht in Mitleidenschaft gezogenen Raum des Kellers und lösche dieselben hier vollends ab.

Wenn die unten im Keller arbeitenden Mannschaften zu

ihrer Erholung an die Luft müssen, so dürfen sie nicht zu lange unten bleiben, da die Passage nach oben um so schlimmer wird, je höher sie wieder die Treppe heraufkommen.

Da dieser Umstand bei der aufregenden Arbeit häufig nicht bedacht wird, so kommt es vor, daß erschöpfte Mannschaften oft gerade oben auf der Treppe, in nächster Nähe des Einganges, ermattet zusammenbrechen; beim Ablösen muß daher der Offizier unter Umständen die Abgelösten auf der Treppe unterstützen lassen. Die Ablösung geschieht in der Weise, daß der von oben kommende Mann, die Treppe rückwärts hinabrutschend, unten am Schlauch entlang kriechend, bis an das Schlauchrohr vordringt, sich hier von dem Rohrführer orientieren läßt, dann das Rohr nimmt und nun, möglichst gleich im Anfange, wo er noch kräftig ist, weiter vordringt. Der Abgelöste begiebt sich alsdann, am Schlauch entlang fühlend, zurück, erholt sich vor der Treppe ein wenig und läuft dann möglichst schnell dieselbe herauf.

Das Aufsuchen des Feuers geschieht wie oben bei Kleinfeuern besprochen. „Bei Kellern mit Balkendecken ist „vor allen Dingen die Decke zu bespritzen, damit das „Feuer nicht nach oben hin weiter dringt."

Sobald es die Umstände irgend gestatten, ist in den über dem Keller liegenden Raum ein Mann zu schicken, der sich davon überzeugt, ob das Feuer nach oben durchgedrungen ist. Dieser Mann muß, auf dem Fußboden kriechend, durch Befühlen des Fußbodens und durch Aufschlagen auf denselben sich davor hüten, daß er nicht durchbricht und ins Feuer fällt. So lange der Fußboden, auf den mit der Axt aufgeschlagen wird, noch federt oder klingt, so lange kann er auch noch mit Sicherheit betreten werden.

Wenn Kellertreppen in dem Haupttreppenhause liegen, so dringt der Rauch in dieses herauf und oben in die Wohnungen hinein; sind daher mehrere Zugänge zum Keller vorhanden, so halte man diesen Kellereingang nach Möglichkeit geschlossen und richte den Angriff über die direkt ins Freie führenden Treppen.

Muß die Kellertreppe des Haupttreppenhauses benutzt werden, so müssen die Bewohner der oberen Etagen entweder die Wohnungen räumen oder aber ihre Wohnungen fest verschlossen halten.

Alle Fenster des eigentlichen Treppenhauses bis in den Dachboden hinauf müssen sodann von der Feuerwehr geöffnet werden, damit der Rauch frei abziehen kann und nicht in die Wohnungen dringt.

Das Oeffnen der Fenster geschieht vom Treppenhause aus oder mit Hilfe der Leitern von außen.

Die Begehung der Treppen seitens der Feuerwehr ist aber doch so schnell wie möglich vorzunehmen, da nicht ausgeschlossen ist, daß Bewohner bereits versucht haben, herunterzukommen und auf den Treppen erschöpft liegen geblieben sind.

Da bei Kellerbränden meistens die Atmungsapparate zur Verwendung kommen, so wollen wir dieselben insofern kurz besprechen, als bei der Verwendung der verschiedenen Arten derselben verschiedene Vorsichtsmaßregeln zu beobachten sind. Beim Schutzanzug, dem Rauchhelm, der Rauchmaske und dem Hönigschen Apparat erhält man die frische Luft durch einen Schlauch, der ins Freie führt.

Dieser Schlauch wird zwar durch eine Spiralfeder davor geschützt, daß er ohne weiteres zusammengedrückt werden kann, solches kann aber doch durch äußere Einwirkungen vorkommen. Leute treten auf den Schlauch oder legen sich auch wohl darauf, zufallende Thüren klemmen denselben ein oder herabfallende schwerere Gegenstände pressen denselben zusammen.

Auf diese und ähnliche Zufälle muß sorgfältig geachtet werden.

Beim Hönigschen Apparat muß der das freie Schlauchende haltende Mann dafür sorgen, daß diese Luftquelle immer in reiner Luft liegt, und hat derselbe außerdem auf die Atemzüge des im Feuer Arbeitenden zu achten.

Bei den anderen Apparaten mit Schläuchen müssen die Luftpumpen stets in reiner Luft stehen, durch Zurufe hat sich der Arbeitende mit den draußen stehenden in Verbindung zu halten. Wird es notwendig, die Luftpumpen umzustellen, so muß während des Umstellens doch ununterbrochen weitergepumpt werden.

So selbstverständlich dieses eigentlich ist, so oft wird trotzdem dagegen gefehlt.

Am Eingange des Kellers hat jemand den Luftschlauch zu dirigieren. Leichtem Ziehen muß er nachgeben, bei lockerem Schlauch zieht er denselben vorsichtig zurück, durch häufigeres leichtes Anheben überzeugt er sich davon, daß der Schlauch nirgends festsitzt. Der mit dem Atmungsschlauch Vorgehende muß sich möglichst ruhig fortbewegen und darauf achten, daß er bei Biegungen nicht zu stark am Schlauch zieht oder diesen festklemmt; sodann hat er darauf zu achten, daß der Schlauch nicht auf brennende oder glimmende Gegenstände zu liegen kommt. Bei der Verwendung der anderen Atmungsapparate ist zu untersuchen, ob dieselben auch noch funktionieren, sodann darf der Feuermann nicht zu lange im Rauche verweilen und muß von draußen rechtzeitig zurückgerufen werden.

Die Verbindung des im Rauche Arbeitenden nach draußen wird hier mit Hilfe der Leine, event. durch Huppe oder Pfeife mit Gummiballon bewirkt. Die Apparate mit Sprechvorrichtung (System Reichel) gestatten eine leichtere Verständigung ähnlich wie die mit offenen Seh- und Hörlöchern.

Brände im Erdgeschoß sind am leichtesten zu bewältigen, da man an dieselben durch Thüren und Fenster leicht herankommen kann.

Man halte sich wiederum möglichst nahe am Boden, da man nur so das brennende Objekt, das direkt bespritzt werden muß, sehen kann. Vorsicht vor dem Durchbrechen in den Keller und Beobachten der Decken sind erforderlich. „Der Wasser„strahl ist vor allen Dingen gegen die Decke zu richten, „damit diese nicht durchbrennt.“ Ist die Decke schon stark beschädigt und stehen im oberen Geschoß Oefen und andere schwere Gegenstände, so hüte man sich davor, daß dieselben, falls sie durchbrechen, einem auf dem Kopf fallen. Die Aufstellung unter Trägern und in der Nähe der Säulen sowie unter Thür- und Fensterbögen giebt hier den geeignetsten Schutz.

„Brände in höher liegenden Etagen greift man „in erster Linie stets vom Treppenhause aus an.“ Zuerst ist von der darunter liegenden Etage nachzusehen, ob der Fußboden der brennenden Etage noch heil ist. Erscheint das Betreten noch zulässig, so halte man sich doch möglichst auf den Balken, da der Fußboden, obwohl noch heil aussehend, doch seine Tragfähigkeit verloren haben kann.

Kann man über durchgebrannte Stellen nicht an den Herd des Feuers nah genug heran, so werden Bretter und Thüren über die durchgebrannten Stellen gelegt. Die Bretter sind mit ihren Enden fest aufzulegen, da die überstehenden Enden sonst leicht zu Wippen werden, welche herunterfallen, sobald man darauf tritt. Der praktische Feuermann nennt schlecht gelagerte Bretter „Mausefallen".

Auch bei diesen Bränden ist in erster Linie die Decke zu schützen und die gleiche Vorsicht gegen herabfallende Gegenstände geboten wie vorher.

Ist es nicht möglich, von der Treppe aus an das Feuer zu gelangen, sei es, daß man das Feuer nicht am eigentlichen Herde fassen kann, sei es, daß lange zum Brandherde führende Gänge verqualmt sind, so muß der Angriff teils von außen her unternommen werden und zwar mit Hilfe der Leitern.

„Der Zugang über Haustreppe und Korridor „bleibt aber stets der sicherste und darf nicht fallen „gelassen werden." Man ersetze daher zerstörte Treppen sofort durch Leitern, mache durchbrannte Stellen durch Ueberlegen von Brettern passierbar und versuche durch Oeffnen oder Einschlagen von Fenstern sich Luft zu machen. Im Notfalle greife man auch zum Atmungsapparate.

„Muß man das Feuer von den Fenstern aus an„greifen, so darf man nicht von der Erde aus, oder „von einem Standpunkt außerhalb des Gebäudes „löschen wollen, sondern es ist unerläßlich, daß man „in die Fenster hineinsteigt."

Der von draußen hergespritzte Wasserstrahl fällt ohne Wahl in die Flammen, ohne den brennenden Gegenstand zu treffen, und wenn auch die Decke des brennenden Raumes von unten her teilweise gelöscht werden kann, so wird sich das Feuer doch sicherlich weiter verbreiten, da es nicht möglich ist, von außerhalb in die Ecken des Zimmers und an die Teile der

Decke, die unmittelbar an der Fensterwand liegen, heranzukommen.

Die beste und sicherste Leiter ist die Anstellleiter: auf derselben kann man den Schlauch mitführen, auf derselben kann man beliebig aufwärts und abwärts mit dem Schlauch sich bewegen und sie läßt sich immer so anleitern, daß kein Teil derselben von der herausschlagenden Flamme getroffen zu werden braucht.

Schwieriger schon sind die Schiebeleiter und die mechanische Leiter zu handhaben, aber sie ermöglichen ebenfalls eine freiere Bewegung.

Da nun häufig für große Anstell- und Schiebeleitern nicht Raum vorhanden ist, so muß die leicht transportierbare Hakenleiter aushelfen.

Die Hakenleiter hängt nur an einem oder zwei Punkten fest, auf ihr kann man sich mit dem Schlauch in der Hand nicht auf- und abwärts bewegen und ihre Benutzung bleibt, besonders bei vorspringenden Gesimsen, gefährlich. Die Hauptgefahr liegt darin, daß die Leiter mit ihrem Haken häufig auf die erste Fenstersprosse anstatt auf das Latteibrett gehängt wird, oder aber, daß der Haken auf vor dem Fenster stehende Gegenstände faßt. Betritt nun der Steiger die Leiter, so bricht die Sprosse, der unterstützende Gegenstand giebt nach und die Leiter fällt herab, gleichzeitig nach außen überkippend und so nicht mehr im stande, den tiefer liegenden Fensterrahmen mit dem Haken festzuhalten.

Wird die Leiter aber von den tiefer stehenden Mannschaften gegen das Haus gedrückt, so kann sie beim Herunterfallen nicht nach außen überneigen und der Haken kann nur um etwas heruntersinken. Bei Benutzung der Hakenleitern sollte man daher die Leitern nicht besteigen, wenn nicht von unten die Leiter fest an das Gebäude gedrückt wird.

Beim Hineinsteigen von der Leiter in die Fenster nehme man sich vor den in den Rahmen sitzenden Scherben in acht, auch steige man nicht früher in die Etage hinein, bis man sich durch festes Auftreten von der Haltbarkeit des Fußbodens überzeugt hat.

Damit bei Bränden unter noch bewohnten Etagen der

Rauch oben nicht gefährlich wird, berücksichtige man, was zum Schutze gegen Rauch bei Kellerbränden gesagt ist.

Dachstuhlbrände sind am häufigsten und dehnen sich auch leicht über die ganzen Gebäude aus. Bei der Bekämpfung derselben muß man daher in erster Linie die Weiterverbreitung des Brandes verhüten und erst in zweiter Linie den Herd selbst angreifen. Der Angriff beim brennenden Dachstuhl ist daher der Regel nach kein zentral gerichteter, sondern ein umfassender oder flankierender, der durch Leitern bedeutend erleichtert werden kann.

Der erste Angriff ist gleichwohl von dem Haupttreppenhause aus über die Bodentreppe zu unternehmen. Sind mehrere Treppen vorhanden, so werden die Schlauchleitungen derart vorgenommen, daß der Hauptherd zwischen die Angriffspunkte zu liegen kommt. Das Löschen geschieht, wenn der Brand schon über die Treppenhäuser hinausgekommen ist, nun aber nicht zuerst gegen den Hauptherd, der zwischen den Treppen liegt, sondern gegen die vom Brande ergriffenen Teile, die auf der anderen Seite der Treppe liegen.

Der Angriff ist hier mit größter Energie durchzuführen, da es nötig wird, vor die Flammen in den noch unversehrten Teil des Daches zu kommen; den Hauptherd des Brandes kann man dabei soweit außer acht lassen, wie man durch das hier wütende Feuer nicht persönlich gefährdet wird.

In die Etage unter dem Dachboden sind alsbald Leute zu schicken, die beobachten, ob die Decke nach unten durchbrennen will. Mit Eimern, Stock- und kleinen Handspritzen treten sie dem durchbrennenden Feuer entgegen.

Die im Dachstuhl löschenden Mannschaften, welche den Hauptherd des Brandes im Rücken haben, sind nun in hohem Grade gefährdet, da das Feuer ihnen unter Umständen den Rückweg nach der Treppe versperren kann. Dieser Rückzugsweg muß auf alle Fälle gesichert werden und dürfen die Leute nicht eher vorgehen, als bis solche Sicherheit für sie vorhanden ist. Hat man nur einen Schlauch zur Verfügung, so wird man daher häufig den Strahl wieder rückwärts zu richten haben, damit der Rückweg gedeckt bleibt. Zur Sicherung des Rückzuges ist ein Posten auszustellen, der die mit dem Rohr Vorgehenden zu benachrichtigen hat, ob sie noch rückwärts zu löschen haben oder ganz zurückkommen müssen. Sind mehrere Rohre an dieser Stelle verfügbar, so wird man mit einem derselben den Rückzug freihalten und gleichzeitig gegen den Hauptbrandherd vorgehen können.

Kann man das Feuer über die Treppen von zwei Seiten fassen, so ist das Löschen am einfachsten; diejenige Abteilung, welche mit dem Winde arbeitet, muß hier möglichst weit in den Brandherd hineinrücken, da die dem Winde entgegen Stehenden genug zu thun haben, um das Weitergehen des Brandes zu verhindern und sich persönlich vor der Stichflamme zu schützen.

Ist das Feuer nur von einer Seite von der Treppe aus zu erreichen, so wird der zweite Schlauch über die Leitern vorzunehmen sein. Man schlage das Dach möglichst an seiner tiefsten Stelle ein, krieche hier auf den Boden und mache dann möglichst nahe der Dachfirst Löcher, damit der Rauch oben abziehen kann.

Hat man keine passenden Leitern zur Verfügung, so greift man das Feuer von den Nachbarhäusern aus an. Sobald die Flamme einigermaßen bewältigt ist, muß man in den brennenden Dachstuhl hineinsteigen, damit man auf den Fußboden herunter kommt.

In noch anderen Fällen ist in die Decke der unterm Dachstuhl liegenden Etage eine Oeffnung zu brechen und durch diese in das Dach hineinzuklettern. In beiden Fällen benutzt man die Stockleiter, die am leichtesten zu handhaben ist.

Wo man über die vorhandenen Treppen den brennenden Teil des Dachstuhls überhaupt nicht erreichen kann, sind die zuletzt besprochenen Angriffsarten von vornherein geboten.

Beim Dachstuhlbrande treten nun schon häufiger verschiedene Gefahrsmomente ein.

Oftmals faßt ein Windstoß die Flammen und treibt sie den Löschenden ins Gesicht. Bei starkem Winde halte man sich daher nahe am Fußboden, mache die Kleider naß, schlage Rockkragen hoch, ziehe Handschuhe an und schütze sich durch das Nackenleder. Wischtücher, Scheuerlappen und Säcke kann man dabei um die Hände wickeln und vor das Gesicht halten. „Man benutze möglichst nur diese ein-

„fachen Mittel, denn sie hindern die Beweglichkeit „nicht."

Man schützt sich vor der Stichflamme am besten dadurch, daß man sich hinter Wände und Bretterverschläge stellt und sich beim Vorrücken Thüren, Bohlen oder Körbe wie einen Schild vorhält. Als direktes Schutzgerät dient der Asbestschild.

Wenn der Dachboden sehr stark verqualmt ist, so muß für Luftabzug gesorgt werden. Man erreicht dieses am besten durch Einstoßen des Daches möglichst an seiner höchsten Stelle.

Kann man das Dach vom Boden aus nicht einstoßen, so hat dieses von Nachbarhäusern oder von der Leiter aus zu geschehen.

Die Mannschaften, welche das Dach nahe der First von außen öffnen sollen, sind einer großen Gefahr ausgesetzt, da sie sich über die Flamme begeben müssen, sie haben daher alles das zu beobachten, was über Vorsichtsmaßregeln beim Vorgehen gegen Etagenbrände und über Sicherung des Rückzuges gesagt ist.

„Ohne gesicherten Rückzug und ohne Vorsichts„maßregeln gehe man nie über die Flammen." Wenngleich man das Feuer nie von der Erde aus mit dem Strahl löschen soll und stets in den brennenden Raum hinein muß, so muß man sich hier doch so tief wie irgend möglich halten.

Eine weitere Gefahr droht durch Einsturz der Sparren und Schornsteine. Die tragenden Dachkonstruktionen, als Gebinde, Stiele und Fetten, besonders die Zangen sind daher zuerst zu löschen.

Die Schornsteine werden auf der Breitseite leicht vom Winde erfaßt und umgeworfen, man stelle sich daher an der Schmalseite derselben auf. Bei Fachwerksbauten fallen oft ganze Giebel um; man stelle sich daher nicht zu nah an dieselben heran, stütze sie, falls sie wackelig werden, oder werfe sie nach außen herab.

Da bei Dachstühlen höherer Gebäude häufig, wenn Dampfspritzen nicht zur Stelle sind, der Wasserdruck nicht ausreicht, so ist es besser, mit einem kräftigen Strahl zu arbeiten, als mit mehreren schwächeren. Man arbeite daher unter Umständen mit weniger Spritzen und bringe an diese um so mehr Druckmannschaften oder man vereinige die Schlauchleitungen mehrerer Spritzen vermittelst eines Koppelstückes zu einer einzigen Leitung. Bei schwachem Wasserdruck ist im übrigen in erster Linie nachzusehen, ob Knicke im Schlauche sind.

Reichen Wasserleitung oder Handspritzen, jede für sich nicht aus, um einen genügend kräftigen Wasserstrahl zu erzielen, so bringe man den Schlauch von der Wasserleitung mit dem Saugewerk der Handspritzen in Verbindung und arbeite dann mit der Spritze. Der Druck wird hierdurch, wie Branddirektor Kayser in Essen praktisch erprobt hat, bedeutend stärker.

Bei Dachstuhlbränden ist man auch durch herabfallende Dachsteine, Schiefer und Glasscherben gefährdet, man schütze daher möglichst die Hände und trage nur Kappen mit weit überstehenden Schirmen und Rändern, die Hände sind möglichst nahe am Leibe zu halten und event. zu umwickeln. Besonders vorsichtig sei man beim Einstoßen des Daches vom Boden aus. Können Sappeur und Rohrführer einer herabfallenden Partie Schiefer oder Steine nicht mehr ausweichen und bemerken sie die Gefahr rechtzeitig, so können sie sich mit dem Gesichte fest aneinanderlehnen, die Arme und Hände vor die Brust und die Schultern hochziehen, so gewissermaßen einen Bock bildend. Die herabfallenden Latten, Schalbretter und Ziegel gleiten nun von den Kappen ab und über Nackenleder und Rücken auf den Boden, über die Schultern gehängte Säcke thun auch schon gute Dienste.

Nicht nur die im Dachboden löschenden, sondern auch die untenstehenden Wehrleute sind durch herabfallende Sachen gefährdet.

Der Offizier vor der Brandstelle hat hier die geeignetsten Maßregeln zu treffen, und „die oben Löschenden dürfen „nicht eher das Dach einstoßen oder etwas herab„werfen, bevor nicht der Offizier unten seine Maß„nahmen getroffen hat.“ Ein oben am Fenster stehender Posten hat zwischen Offizier im Feuer und Offizier vor der Brandstelle die Verbindung herzustellen.

Dachstuhlbrände, die nur einen Teil des Daches ergriffen

haben, fasse man dem Winde entgegen oder mit Hilfe der Leitern von der Seite an, Totalbrände lösche man immer in der Richtung mit dem Winde.

Bei eingebauten Häusern schicke man auf die Nachbarböden kleinere Abteilungen mit Eimern voll Wasser und kleinen Handspritzen, einem Weiterdringen des Feuers können sie der Regel nach mit diesen kleinen Mitteln erfolgreich entgegentreten.

Brände in geschlossenen Räumen werden nur eine gewisse Zeit lang hell brennen können und dann sich selbst am Weiterumsichgreifen hindern. Die in solchen Räumen vorhandene starke Hitze zersetzt aber alles leicht Brennbare und es entsteht ein den ganzen Raum ergreifendes Glimmfeuer.

Der ganze Raum füllt sich mit brennbaren Gasen, die nur der genügenden Zufuhr von frischer Luft bedürfen, um mit einem Schlage, oft explosionsartig, loszubrennen.

Bei Bränden in geschlossenen Räumen, deren Größe und Ausdehnung man nicht kennt, gehe man daher sehr vorsichtig zu Werke.

Man öffne den Raum nicht früher, als bis man zum sofortigen Wassergeben fertig ist, und öffne die Thür nur ein wenig, die Thür selbst in der Hand behaltend. Will das Feuer direkt groß werden, und ist es mit einem Rohr alsdann nicht zu dämpfen, so schließe man den Raum wieder, schlage die untere Thürfüllung ein und greife durch diese das Feuer an. Umherhalten des Wasserstrahls nach allen Richtungen bei möglichst verstreutem Wasserstrahl ist nun zuerst notwendig, um die überall schwelenden Sachen abzukühlen. Unter Umständen greife man durch ein in den Fußboden gebrochenes Loch das Feuer von der darunter liegenden Etage aus an.

„Wenn es eben angeht, soll man das Feuer an „seiner tiefsten Stelle zuerst angreifen.“

Glaubt man so weit zu sein, daß das Feuer mit den vorhandenen Rohren zu bewältigen ist, so mache man sich zum Wassergeben fertig, öffne die Fenster des neben dem Feuer liegenden Raumes, in dem man sich befindet, und gehe nun, die Thür aufreißend, sofort mit Wasser vor. Der Regel nach wird sich jetzt ein heftiger Brand entwickeln, starker Rauch in den Raum eindringen, in welchem man sich befindet, und die Flamme wird in diesen plötzlich hineinschlagen und den oberen Teil der Thür ganz einnehmen.

An dieser Thür darf daher niemand aufrecht stehen, auf keinen Fall auf der etwa höher liegenden Treppe und vor allen Dingen nicht an höher belegenen Fenstern des Vorraumes, da die Flamme sich auf jeden Fall nach diesen hinzieht; die Löschmannschaften müssen sich vielmehr möglichst an der Erde halten. Ist das erste heftige Auflodern des Feuers vorbei, so ist die Stichflamme nicht mehr zu fürchten und man kann vorgehen wie gewöhnlich, durch Oeffnen der Fenster möglichst viel frische Luft einlassend.

Je größer ein Raum ist, um so heftiger kann sich ein in demselben ausgebrochenes Feuer entfalten. In großen Räumen bedarf man daher eines so kräftigen Wasserstrahles, daß man auch die Decken derselben mit Sicherheit erreichen kann. Die Deckenbalken werden schon mehr zerstört sein, als bei niedrigeren Räumen, zumal in Sälen die Decken oftmals nicht gerohrt und geputzt sind. Herunterfallende Teile — Kronleuchter z. B. — kommen aus größerer Höhe und sind daher um so gefährlicher, ein Durchbrechen durch die Decken dieser Räume bringt fast den sicheren Tod, da man zu tief herabfällt, „es ist daher „um so größere Vorsicht geboten, je größer der „brennende Raum ist“.

Bei Fachwerkkonstruktionen muß man sich auch vor dem Zusammenbrechen derselben hüten. Da hier oft ganze Wände einstürzen, so achte man auf die tragenden Teile und gehe nicht unnötigerweise zu nahe an das Gebäude, sobald es wackelig werden will. Auf die Haltbarkeit des Baues lasse man einen Mann, möglichst einen Techniker, direkt Obacht geben.

In Scheunen, die mit Heu und Stroh gefüllt sind, wird dieses sehr schwer zu löschen sein, und nutzt hier die Menge und der Druck des Wassers meistens wenig, da der eigentliche Feuerherd nicht getroffen werden kann.

Man muß die Heu- und Strohbündel auseinander reißen und ins Freie schaffen, wenn man das Feuer löschen will. Feuerhaken und Mistgabeln kommen hier zur Verwendung.

In Speichern und Lagerhäusern, in denen Tuchballen,

Wolle, volle Säcke, Lumpen und dergleichen Dinge lagern, bleibt auch nichts übrig, als auszuräumen, da man nur so an den Herd des Brandes gelangt. Das stärkste Wassergeben ist nutzlos, da der Herd des Feuers nicht getroffen wird. „Wenig Wasser aus unmittelbarer Nähe, Beiseite-„schaffen und Ausräumen der brennenden Stoffe „können nur zum Ziele führen." Das Löschen dieser Brände erfordert vor allen Dingen gute Lungen, Ausdauer und Resignation.

In Tischlereien, auf Holzplätzen und in allen Holzbearbeitungswerkstätten ist einmal ein starker, kräftiger Wasserstrahl notwendig, da bei der Masse des Brandstoffes sonst das Wasser zersetzt und das Feuer erst recht angefacht wird, andererseits ist aber auch ein Aufsuchen des Feuers notwendig, da sonst der stärkste Strahl den Herd nicht trifft.

Die auf den Hängegerüsten lagernden Bretter, die Holzstapel und die an den Wänden stehenden Holzteile bedecken sich einander wie die Ziegel auf den Dächern und halten so den stärksten Wasserstrahl ab. Während also einmal die starke Glut nur durch gewaltige Wassermassen bewältigt werden kann, muß auch wieder alles auseinandergerissen und beiseite geschafft werden, damit man das verdeckt liegende Feuer trifft. Beim Aufsuchen und Bewältigen der versteckt liegenden Brandherde genügen wieder geringere und schwächere Wasserstrahle.

Brennt ein Saal, ein Fabrikraum oder höhere Werkstätten, oder hat ein Feuer bereits mehrere Etagen ergriffen, so darf man ohne große Vorsichtsmaßregeln nie von oben her den Brand bekämpfen wollen. Korridore der höheren Etagen führen häufig auf die Gallerien solch hoher Räume. Versucht nun jemand dem Feuer von oben her, d. h. in Höhe der Gallerie etwa beizukommen, so werden Flamme und Rauch sofort in den höher gelegenen Korridor hineindringen, und die dort Angreifenden kommen in große Gefahr. Das Hereinschlagen der Flammen in die höher belegenen Korridore wird noch sicherer vorkommen, wenn der Korridor auf ein Treppenhaus stößt und oben in demselben ein Fenster geöffnet ist.

Das Treppenhaus wirkt hier wie ein Schornstein und der

Korridor wie der horizontale Kanal zwischen einer Feuerung und demselben.

Da jedes Feuer das Bestreben hat, nach oben hin sich zu verbreiten, so wird man häufig über dasselbe dringen müssen, um sein Weiterumsichgreifen zu verhüten.

Nie aber darf man sich über die Flammen wagen, wenn der Rückzug nicht gesichert ist. Der untere brennende Raum muß nach der Stiege zu abgeschlossen werden können, wenn man auf der Treppe über denselben hinaufdringen will.

Ist solcher Abschluß nicht möglich, so muß man wenigstens von oben einen sicheren Ausgang nach der Seite hin erreichen können.

Wütet daher ein Brand in mehreren Etagen und liegen darüber noch unversehrte Räume, so verfahre man wie folgt:

So lange noch alle von der Treppe nach den brennenden Räumen führenden Thüren geschlossen sind, öffne man im Treppenhaus alle Fenster, besonders die etwa vorhandenen Dachfenster.

Das Feuer im Keller greife man sodann vom Treppenhause und von draußen mit allen verfügbaren Mitteln an, sodaß es bald bewältigt wird; alsdann wird das Erdgeschoß von den Fenstern aus und der Brand im ersten Stock mit Hilfe der Leitern angegriffen. Unter Bewachung aller Thüröffnungen im Treppenhause kann man dann hier bis in die zweite Etage vordringen.

Sobald in einem Stock der Brand soweit bewältigt ist, daß die Flamme nicht mehr ins Treppenhaus schlagen kann, stelle man hier einen Beobachtungsposten aus und dringe weiter nach oben vor.

Der Beobachtungsposten hat rechtzeitig Nachricht zu geben, wenn die Flammen wieder größere Gewalt erlangen.

Kann man in solchen Fällen die Decken der oberen brennenden Räume von außen her mit dem Strahl erreichen, so kann hier ohne weiteres von außen angegriffen werden; das den oberen Raum überschwemmende Wasser läuft hier durch die bereits zerstörten Decken in die unteren Räume und hilft bedeutend zum Löschen mit; die Regeln des vorsichtigen Löschens treten allmählich in den Hintergrund, denn wir nähern uns dem Hauptherde eines Großfeuers, bei dessen Bewältigung das Löschen verlassen und zum Ersäufen übergegangen werden kann.

7. Die Bekämpfung eines Großfeuers.

Ein Feuer, welches größere alleinstehende Gebäude, ganze Teile großer Etablissements, mehrere zusammenliegende Häuser, Holzplätze, Fabriken, Mühlen, Speicher u. dgl. ergriffen hat, wollen wir mit Großfeuer bezeichnen.

Bei der Bekämpfung eines Brandes in größeren Baulichkeiten, die in allen Teilen vom Feuer ergriffen erscheinen, ist in erster Linie sorgfältig zu erforschen, ob das groß erscheinende Feuer auch in Wirklichkeit ein so ausgedehntes ist.

Brennen in unteren Geschossen leicht entzündliche Gegenstände, Hobelspäne, Stroh, leichtere Holzteile und ähnliche Sachen, so wird vielfach ein Flammenmeer aus den Fenstern schlagen, welches das ganze Haus bis zum Dach hinan einhüllt, die Fensterrahmen der oberen Etagen entzündet und grauenerregend zu wüten scheint.

Bei genauerem Beobachten aus nächster Nähe zeigt es sich aber bald, daß man es nur mit einem Mittelfeuer zu thun hat, dem mit einigen Handspritzen durch einen kühnen und schnellen Angriff der Garaus gemacht werden kann.

In ähnlicher Weise kann eine Täuschung entstehen, wenn bei dicker trüber Luft selbst ein kleinerer Brand einen Rauch verursacht, der ganze Straßen erfüllt, und bleibt es daher in allen Fällen unerläßlich, die Orientierung der Brände aus nächster Nähe und mit größter Ruhe vorzunehmen.

Hat man volle Sicherheit, daß ein Großfeuer wütet, so kümmere man sich nicht mehr um die früher besprochenen Regeln des vorsichtigen Löschens, sondern greife den Hauptherd des Brandes mit allen zu Gebote stehenden Wassermassen rücksichtslos an.

Die Glut des Brandes wird hier eine so große sein, daß es schwer wird, in die Nähe des Brandherdes zu gelangen, und wird durch die entfachte Glut die ganze Nachbarschaft in größte Gefahr kommen.

Es kommt nun vor allen Dingen darauf an, das Weiterumsichgreifen des Brandes zu verhüten, und muß daher der Angriff wieder ähnlich wie bei brennenden Dachstühlen ein umfassender, von allen Seiten herkommender, werden.

Die großen Handspritzen, die Rohre von kleineren Hydranten sowie die kleineren Löschgeräte werden als leicht bewegliche Waffen zur Sicherung der Nachbarschaft zuerst verwendet, und überläßt man den Hauptbrandherd einstweilen sich selbst.

Ist für die Sicherheit der Nachbarschaft gesorgt, so wende man sich gegen den Hauptherd. Große Leitungen von der Wasserleitung und weite Rohre von der Dampfspritze schicke man alsdann gegen diesen Feuerschlund.

Da bei kolossalen Bränden eine so große Glut herrscht, daß selbst größere Wassermassen durch die Glut noch zersetzt werden, so lösche man möglichst an den Rändern, damit die Flammen nach innen in den Feuerherd hineingetrieben werden.

Ein Wasserstrahl mitten in die Hauptglut geschleudert, wird hier sofort verdampfen; die entstehenden Dämpfe, immer stärker erwärmt, dehnen sich aus und drücken die Flammen nach außen, die angewärmten Dämpfe werden von den Flammen mit hochgerissen, zersetzen sich in der Glut in Wasserstoff und Sauerstoff und fachen so den Brand aufs höchste an, denselben gleichzeitig nach allen Richtungen hintreibend. „Insbesondere hüte man sich, den Wasserstrahl auf größere Haufen glühenden Eisens zu leiten, da hier die Zersetzung des Wassers eine sehr plötzliche wird und die glühende Lohe stürmisch emporsteigt.“

Spritzt man aber zuerst in die äußeren Gluten, so wird hier entstehender Wasserdampf die Flammen in den Hauptherd selbst hineindrücken, die von außen zuströmende kalte Luft wird auf den Wasserdampf so weit kühlend einwirken, daß derselbe sich nicht zersetzt, und das Feuer wird gründlich gelöscht werden können. Je größer die verwendeten Wassermassen, um so sicherer ist der Erfolg.

Hat man nun bei einem Großfeuer nicht hinreichend Spritzen und Wasser zur Verfügung, um den Hauptherd selbst bekämpfen zu können, so sichere man nur die Umgebung, reiße alles leicht Brennbare in der Nähe des Feuers nieder und überlasse den Hauptherd des Brandes sich selbst.

Die Bekämpfung der einzelnen Brände rings um den Hauptherd des Feuers geschieht, wie bei Klein- und Mittelfeuern angegeben wurde. Beim Brande großer Fabriken, Mühlen oder Speicher werden durch die Glut des Feuers die Mauern gelockert, Balken brennen durch und fallen zusammen, im Niedersinken große Mauerteile nach innen mit sich reißend oder nach außen herüberwerfend.

Glühend gewordenes Korn drängt gegen die Wände und wirft diese um, eiserne Träger dehnen sich aus und schieben die stärksten Wände aus ihrer Lage, kleinere Träger, die gemauerte Wölbung tragen, verlieren die Tragfähigkeit und lassen die gestützten Decken mit allem, was darauf liegt, zusammenbrechen; Gefahr droht daher von allen Seiten und in jeder Form, und man darf solchem Hauptbrandherde nicht unvorsichtig zu nahe kommen.

So sehr daher betont werden muß, daß ein Feuer nur aus nächster Nähe bekämpft werden kann und bekämpft werden darf, so sehr muß auch auf diese Gefahren hingewiesen werden.

An der Seite, wo das Großfeuer weiter um sich greifen will, oder dort, wo dessen Weiterverbreitung am gefährlichsten wird, greife man mit den stärksten Dampfspritzstrahlen an; auf Dörfern und in kleinen Städten werden hier die Rohr- und Stoßspritzen mit Erfolg verwendet werden können. Die Glut wird eine zu große Annäherung von selbst verbieten, und man kann den Wasserstrahl von der Erde aus in die Fenster leiten. Hat man Ströme Wassers zur Hand, so werfe man dieselben hier in die oberen Etagen, damit das von oben wieder herabströmende Wasser alles darunter Liegende ersäuft.

Wenn die Löschenden in der Lage sind, hinter den Ecken von nahegelegenen Nachbargebäuden oder in diesen selbst festen Fuß zu fassen, so müssen sie solche Deckungen benutzen; sie ermöglichen vielleicht einen Angriff aus größerer Nähe.

Die Gebäude selbst sind sorgfältig zu beachten, damit durch umfallende Mauern nicht Menschenleben vernichtet werden;

während der Dunkelheit empfiehlt es sich, die Wände durch Magnesiumfackeln und Acetylenlaternen beleuchten zu lassen.*)

Der Offizier zur Sicherung der Umgebung hat sein Hauptaugenmerk auf diejenigen Nachbargebäude zu richten, die am höchsten belegen sind, denn die Glut ist um so wirksamer, um so weiter nach oben sie greifen kann.

„Da die Flammen nun auch vom Winde ergriffen „und fortgetrieben werden, so ist die Hauptgefahr „stets dort vorhanden, wo hochgelegene Baulichkeiten „von der Brandstelle ab unter dem Winde belegen „sind."

Eine weitere Gefahr zur Verbreitung des Brandes liegt im Flugfeuer, d. h. denjenigen brennenden und leichten Teilen, welche durch Flammen und Wind emporgerissen und durch die Luft getrieben werden. Fallen dieselben auf Holzplätze, Heuschober, leichte Bedachung und dergleichen, oder fliegen sie durch offene Luken auf Böden in Scheunen, Ställe u. s. w., so werden sie das Feuer überallhin fortpflanzen und verbreiten. Da zur Bewältigung dieser Gefahr die Kraft der Feuerwehr nicht ausreichen wird, so sind die Bewohner der gefährdeten Grundstücke selbst auf diese Gefahren hinzuweisen und persönlich zum Löschen heranzuziehen.

Brennen ganze Stadtteile, so wird man an allen Orten nicht mehr löschen können, vereinzelte Gebäude überlasse man dem Feuer und greife nur dort mit aller Energie an, wo die Hauptgefahr der Weiterverbreitung droht.

Ist es möglich, durch Wegreißen kleinerer Gebäude zwischen dem Brande und dem bedrohten Stadtteile Lücken zu schaffen, so reiße man solche Gebäude weg, im übrigen halte man sich an das Wasser und greife aus nächster Nähe an; man wird so mehr erreichen, als mit allen sonst empfohlenen Mitteln.

Als die Stadt Havelberg brannte, hat die Berliner Feuerwehr es zu Wege gebracht, mit einigen Spritzen einen großen Teil der Stadt zu retten.

Sollte es angängig erscheinen, durch Sprengen mit Dyna-

---

*) Eine praktische Acetylenstandlaterne ist die von Gustav Arendt in Weimar.

mit einige Gebäude ineinandersinken zu lassen, so könnte zu diesem Mittel noch gegriffen werden; ob es aber möglich sein wird, solche Ladungen rechtzeitig und ohne große Gefahren anzubringen, können wir nicht behaupten.

Es dürfte daher wohl der Ausspruch seine Berechtigung behalten, daß ein Feuer, welches gewisse Grenzen überschritten hat, von allen Feuerwehren der Welt nicht mehr zu bewältigen ist, wenn nicht Brandmauern und freie Plätze demselben teilweise ein unerschütterliches Halt zurufen. Und nicht dringend genug kann darauf hingewiesen werden, daß man ein Feuer möglichst im Keime und dann aus nächster Nähe nur mit wenig Wasser ertöten soll.

8. Ueber Menschenrettung.

Die Gefährdung von Menschenleben wird in wenigen Fällen durch ein ausgebrochenes Schadenfeuer bewirkt, geschieht aber im gewöhnlichen Leben alltäglich durch große Unvorsichtigkeit der betroffenen Personen selbst.

Umwerfen von brennenden Petroleumlampen, Aufgießen von Petroleum auf noch brennende Lampen, Nachgießen von Spiritus in Behälter mit noch brennendem Spiritus und vor allen Dingen Hineingießen von Petroleum in die Ofen- oder Küchenfeuerung, sind die hauptsächlichsten immer wiederkehrenden Veranlassungen zu schmerzhaften Brandwunden und infolge derselben häufig eintretendem Tod.

Vielfach kommt es auch vor, daß Benzin, Spiritus und dergleichen feuergefährliche Sachen entgegen polizeilichem Verbot bei offenem Licht abgezogen werden, oder daß jemand in der Nähe einer brennenden Lampe oder eines offenen Feuers Reinigung von Handschuhen und Kleidungsstücken mit Benzin vornimmt. Alle diese täglich sich wiederholenden Unvorsichtigkeiten, wie endlich noch das Spielen der Kinder mit Streichhölzern oder Feuer und Licht, sind die nicht wegzuschaffenden Uebel, durch welche allzuoft größtes Herzeleid über Familien herbeigeführt wird.

Wollten doch Lehrer und Eltern und jedermann, der in die Lage kommt, belehrend wirken zu können, keine Gelegenheit vorbeigehen lassen, vor diesen Gefahren eindringlichst zu warnen, damit die Zahl der oft aus Unwissenheit selbstverschuldeten Brandverletzungen in den Polizeiberichten verschwinden oder doch verringert werden könnte.

Sind die Kleider eines Menschen auf irgend eine Art in Brand geraten, so umhülle man dieselben mit irgend einem Gegenstande, als einem Kleidungsstück, Bettlaken, Teppich und dergleichen oder man werfe denselben in ein Bett oder auf die Erde und suche so die Flammen auszudrücken und zu ersticken.

Hat man eine Schüssel oder einen Eimer voll Wasser, einen Topf Milch oder eine Kanne Bier, kurzum irgend eine löschende Flüssigkeit, direkt bei der Hand, so säume man nicht, diese über die brennende Person sofort auszuschütten. Die Hilfe muß sofort gebracht werden, wenn die Person überhaupt noch gerettet werden soll. Wie gefährlich Brandwunden sind, erhellt am besten aus der Thatsache, daß fast alle Leute, deren Haut zu einem Dritteil oder mehr verbrannt ist, infolge der Brandwunden dahinsterben.

In Theatern oder auf Schaubühnen werden die leichten Gazeroben der Tänzerinnen häufig vom Feuer ergriffen.

Zur Hilfeleistung bei event. Unglücksfällen werden hier stets wollene Decken bereit gehalten. Es ist durchaus nicht nötig, daß diese Decken feuersicher imprägniert oder naß gemacht sind, denn sie schützen bei schneller Verwendung durch den Luftabschluß so schnell, daß sie selbst nicht verbrennen können.

Bis zur Ankunft des Arztes entkleide man die verletzten Stellen vorsichtig, man reiße die Kleider nicht ab, sondern schneide dieselben auf und ziehe sie alsdann so vorsichtig herunter, daß die Haut von der verletzten Stelle nicht herabgerissen wird.

Reichliches Begießen und Betupfen mit Leinöl und Kalkwasser, zu gleichen Teilen gemischt, nachheriges Bedecken mit reiner Verbandwatte und Umwickeln von Tüchern oder Gazebinden können zur ersten Hilfe empfohlen werden.

In jüngster Zeit ist für den nachherigen Verband besonders Jodoformanwendung empfohlen worden; in Wien sollen damit ganz besonders günstige Resultate erzielt sein. Direkt in den Apotheken käuflich ist die bestens bewährte von Bardelebensche Brandbinde.

Bei leichteren Verbrennungen kann Aufstreuen von fein gepulvertem Kochsalz empfohlen werden.

„Bei Schadenfeuern selbst ist der gefährlichste „Feind nicht nur die Flamme, sondern vor allen „Dingen der Rauch."

Wenn es auch hin und wieder vorkommt, daß jemand direkt durch die Flamme getötet wird, so muß doch andererseits betont werden, daß in den meisten Fällen die Personen bereits erstickt und getötet waren, bevor sie von den Flammen ergriffen wurden.

Bei Bränden unter bewohnten Etagen, selbst wenn die Brände nur geringer Natur sind, schweben die über dem Feuer wohnenden Personen stets in Gefahr. Wir haben es im Abschnitt „Kellerbrände" gezeigt, wie wenig Brandstoff erforderlich ist, um ein ganzes Gebäude mit erstickendem Qualm anzufüllen.

Ist in einem Gebäude unter einer bewohnten Etage ein Brand ausgebrochen und sind die Gebäude so fest und so gut gebaut, daß Rauch die Zwischendecken nicht leicht durchdringt, so halte man den erstickenden Qualm möglichst vom Treppenhause ab.

Man greife daher den Brand möglichst so an, daß die nach dem Haupttreppenhause führende Thüre verschlossen bleibt, man greife also von einer zweiten Ausgangsthür oder von einem Fenster aus an.

Im Treppenhause öffne man bis oben hin alle Fenster und verfahre dabei, wie unter Herbeiführung von Rauchabzug, siehe Kellerbrände, angegeben wurde. Ist im Treppenhause nur eine geringe Menge Rauch, so genügt das Oeffnen des obersten Fensters allein; ist hingegen das Treppenhaus mit erstickendem Qualm angefüllt, so muß man sich überzeugen, ob die Bewohner der oberen Etagen auch nicht gefährdet sind; durchsuchen muß man das Treppenhaus aber bis oben hin auf alle Fälle, denn es könnte immerhin jemand auf der Treppe zu viel Rauch geschluckt haben und liegen geblieben sein.

In der Etage direkt über dem Feuer sind die Bewohner auf jeden Fall zu wecken, es sei denn, daß der Rauch überhaupt nur geringfügig war.

„Erfährt man bei einem Brande, daß Menschen „gefährdet sind, sei es durch Hilferuf der Gefährdeten „selbst, sei es durch Mitteilung anderer, so bedenke „man, daß die schnellste und sicherste Rettung im „Löschen des Feuers liegt.“

In den allermeisten Fällen wird man das Feuer so schnell dämpfen können, daß die gefährdeten Personen oben bleiben können. Man greife daher den Brand sofort mit allem verfügbaren Wasser an, damit möglichst schnell Wasserdampf gebildet wird.

Die gefährdeten Personen sind durch Zurufe zu beruhigen, damit sie nicht aus den oberen Etagen herabspringen, und zum Ausharren zu ermuntern, da ihnen baldige Hilfe gebracht werden könne.

Vor allen Dingen aber muß die Feuerwehr ihre Kaltblütigkeit nicht verlieren und sich durch das Schreien des Publikums und die Hilferufe der Gefährdeten nicht irre machen lassen.

Der erste Angriff gegen das Feuer ist dahin zu richten, wo das Rettungsmanöver ausgeführt werden soll, und dies wird in den meisten Fällen wieder das Treppenhaus sein müssen, denn alle Bewohner werden zuerst versucht haben, die Treppen herabzukommen, und sind hier unter Umständen Erstickte liegen geblieben.

Wollen die gefährdeten Personen sich durchaus nicht oben halten lassen, so spanne man das Sprungtuch vor dem Fenster aus; zum Bedienen dieses Gerätes wird teilweise Hilfe aus dem Publikum requiriert werden müssen, die mehr als genügend da sein wird.

Ist es den Mannschaften gelungen, zu den gefährdeten Personen hinaufzukommen, so gehe man nicht etwa sofort an ein Rettungsmanöver heran, sondern man lasse die Leute, wenn es eben angeht, oben; zu ihrer Beruhigung müssen Mannschaften bei ihnen bleiben.

„Die zu rettenden Personen schafft man am

„sichersten die Treppe herab, und muß man diese da-„her in erster Linie wieder passierbar machen.“

Kann man eine Leiter direkt ansetzen und schlagen die Flammen nicht gerade gegen die Leiter, so wird man die Gefährdeten auf dieser herabholen können; schlagen die Flammen heraus, läßt sich aber der einfachste Rettungsweg dennoch mit der Leiter herstellen, so muß an dieser Stelle zuerst die Flamme gelöscht werden.

Ist das Treppenhaus nicht zu passieren und läßt sich auch eine Leiter nicht sicher anstellen, so muß der Angriff mit Hilfe der Hakenleitern unternommen werden. Selbstverständlich kann auch kein Feuermann durch die Flammen steigen, und man muß daher zuerst diese dämpfen oder aber von einer noch nicht vom Feuer ergriffenen Stelle aus heraufzukommen suchen.

Ist es nicht möglich, in der besprochenen Weise zu den Bedrohten zu gelangen, so wird man versuchen müssen, durch die Stubendecken, vom Dache aus oder durch die Wände hindurch von der Seite her zu den Gefährdeten zu gelangen.

„Es muß als Hauptregel hingestellt werden, daß „man, wenn irgend möglich, zu den zu Rettenden „hinkommt, und ist hier der kürzeste Weg immer der „beste, mag er nun über Treppen und Korridore oder „durch die Fenster führen.“

Können die Bedrohten noch oben bleiben und nachher über die Treppe oder über eine Leiter herab, so bleibe man bei ihnen, ermutige sie zum Ausharren und führe sie dann herab.

Ist ein Verbleiben an Ort und Stelle nicht möglich und kann man auch nicht über die verqualmten oder zerstörten Treppen herunterkommen, so lasse man sie mit dem Rettungsapparat oder der Leine herab.

Es muß aber immer wieder betont werden, daß dort, wo Feuerwehrleute den Apparat sicher anbringen können, auch meistens andere Leute sicher sind.

Das Retten durch den Apparat ist nicht ohne große Gefahren, denn beim wirklichen Brande sind nicht die einfachen und glatten Verhältnisse, wie am Steigerhause, wo man alles in Muße vorbereiten kann, auch sind nicht Feuerwehrleute oder Kinder zu retten, sondern kranke erschöpfte Personen, die nicht selten über zwei Zentner wiegen. Der Nothaken hält meistens nicht in der Wand, auf die Fensterkreuze kann man sich nicht verlassen, und weit ausladende Gesimse erschweren die Anbringung der Rettungsgeräte ganz bedeutend.

„Die jetzt gebräuchlichen Steigerhäuser sind zwar „zur Einübung der Schulexerzitien sehr brauchbar, „die für den Ernstfall, d. h. für Rettungsmanöver an „Gebäuden mit weit ausladenden Gesimsen nötige „Fertigkeit kann man an ihnen jedoch niemals sich „aneignen.“*)

Bei der Benutzung des Sprungtuches ist zu berücksichtigen, daß nicht jeder die Uebung besitzt, hoch herab mitten in das Tuch hineinzuspringen, und wenn er nicht direkt vorbeispringt, so wird er doch leicht auf diejenigen Mannschaften herabfallen können, die das Sprungtuch ausgebreitet halten.

Das Rutschtuch von Josef Beuer, Reichenberg (Böhmen) will uns wohl praktisch erscheinen, wenn es in einer höheren Etage brennt und dasselbe noch unterhalb der brennenden Etage ausgebreitet werden kann, so daß die Bedrohten durch Flammen oder Rauch hindurch auf dasselbe hinabspringen können.

Handelt es sich um die Massenrettung von Menschen, die auf Balkonen oder in höheren Vestibülen und Korridoren versammelt sind, und läßt sich der Brand nicht sicher und schnell genug löschen, wie solches bei Theaterbränden und bei Bränden in Gebäuden, die zum Aufenthalt größerer Menschenmassen dienen, nicht möglich sein wird, so wird man mit dem Rettungsschlauch oder dem Rutschtuch, sowie mit Strickleitern, einfachen Leinen und Tauen am meisten Hilfe bringen können.

Auch das Sprungtuch ist hier angebracht, nur sorge man, daß nicht mehrere gleichzeitig in dasselbe hineinspringen.

Erstickte oder durch Rauch betäubte Personen müssen in reine Luft geschafft werden, hier sind nach Abziehen der Kleider

*) In den letzten Jahren ist auch hier ein Wandel zum Besseren eingetreten, denn in einigen Städten, z. B. in Altona, sind Steigerhäuser gebaut, deren eine für Manöverübungen benutzte Seite genau modernen Façaden nachgebildet ist.

vom Oberkörper an denselben Wiederbelebungsversuche vorzunehmen, die entsprechend den Anweisungen für Samariter (erste Hilfe bei Verunglückten), die jede Wehr haben sollte, auszuführen sind.

9. Besondere Fälle beim Brande.

Bei Bränden in Ställen ist gleichfalls zu berücksichtigen, daß der Rauch den Tieren ebenso schädlich, wenn nicht gefährlicher ist als die Flammen.

In Viehställen darf man daher nicht alle Fenster und Thüren zuhalten wollen, damit das Feuer nicht weiter um sich greife, sondern man muß vielmehr durch Aufreißen der Thüren, Einstoßen der Fenster und Luken, sowie Einbrechen der Dächer möglichst für Rauchabzug sorgen.

Tiere, besonders Pferde, werden schon durch wenig Rauch betäubt und brechen zusammen. Vor den Flammen müssen Tiere selbstverständlich auch geschützt werden, aber die etwa im Stalle brennende Streu läßt sich mit wenigen Eimern voll Wasser auslöschen.

Tiere, die, nachdem sie losgemacht sind, nicht aus den Ställen wollen, müssen rückwärts oder mit verbundenen Augen herausgebracht werden, Pferde werden mit der Peitsche herausgetrieben, den Leithammel der Schafe ziehe man heraus, weil dann vielleicht die Herde folgt, und Schweine oder Kälber müssen unter Umständen herausgetragen werden.

Brände in Ställen und Scheunen, sowie in anderen Gebäuden von leichter Bauart, wie sie auf dem platten Lande, in kleineren Landstädten und im Gebirge noch vielfach vorkommen, breiten sich, wenn es nicht gelingt, dieselben im Keime zu ersticken, meistens so schnell aus, daß man es bei ihnen in kurzer Zeit mit einem Großfeuer zu thun hat.

Man verfahre bei solchen Bränden daher ähnlich so, wie es in den Abschnitten 6 und 7 bei Besprechung der Dachstuhlbrände und Großfeuer angegeben ist.

Man erkunde eiligst, ob aus den unmittelbar anstoßenden Gebäuden Menschen und Tiere in Sicherheit gebracht sind, halte die benachbarten Stroh- und Rohrdächer sowie die vorspringenden Dachteile, Galerien und Fachwerkwände, insbesondere die unterm Wind liegenden, unter Wasser und sorge für eine solche Aufstellung der Spritzen, daß diese im Notfalle noch sicher fortgeschafft werden können.

Bei aller Sorgfalt, die auf die Sicherung der Nachbarschaft zu verwenden ist, darf aber nicht vergessen werden, daß der eigentliche Brandherd aufgesucht und wie früher angegeben, aus nächster Nähe bekämpft werden muß.

Bei Bränden von Gebäuden leichter Bauart wird auch das Flugfeuer sehr gefahrbringend, weil es Rohr- und Strohdächer, Strohhaufen, Dungstätten und aufgestapelte Reisigbündel leicht zur Entzündung bringt. Da das Flugfeuer auch durch Dachluken und Luftlöcher in die Dachböden getrieben werden kann, so ist alles aufzubieten, dasselbe unschädlich zu machen. Die Kraft der Feuerwehr reicht hierzu nicht aus und die Bewohner selbst müssen mit Hilfe von Eimern, Schöpfen und allerlei anderen verfügbaren Gefäßen die umherfliegenden Funken auslöschen. Strohdächer werden in einigen Gegenden durch darüber gespannte große Planen oder Segel, die naß zu halten sind, geschützt, in anderen Gegenden werden Feuertartschen oder Feuerpatschen (das sind mit einem Tuch umwickelte Reisigbesen an langen Stielen) zum Löschen verwendet.

Zur Deckung der Nachbargebäude können die alten Stoß- und Rohrspritzen ihres weiten Strahlwurfes wegen mit Vorteil verwendet werden.

Brennende Strohdächer rutschen leicht herab und versperren die Ausgänge; der Sicherheit halber betrete man daher mit solchen Dächern versehene Gebäude von der Giebel-, nicht von der Langseite her.

Wenn Strohdächer erst richtig in Brand geraten sind, dann darf man sich ohne sichere Rückzugslinie nicht länger auf denselben aufhalten, weil die Flammen auf ihnen schneller laufen als man darauf kriechen kann.

So gefährlich die leichtgebauten Häuser für den Feuerwehrmann werden können, ebenso können es die vermeintlich ganz feuersicheren.

Konstruktionen aus Stein und Eisen brennen zwar selbst nicht, aber sie erleiden beim Brande Veränderungen, die sehr schnell zur völligen Zerstörung eines Gebäudes führen können. Marmorne Säulen und Treppenstufen werden bei starker Gluthitze, ebenso wie Kalksteine, in Aetzkalk verwandelt und zerfallen; Granit springt schon bei nicht sehr hohen Hitzegraden, und ganze Treppenläufe freitragender Granittreppen stürzen ein, wenn starke Stichflammen an ihnen hochschlagen.

Als nahezu feuersicher kann Mauerwerk aus gebrannten Ziegeln bezeichnet werden, ebenso jedes Gemenge, welches aus kleinen Teilchen bestehend, mörtelartig wieder zusammengebracht wird. Hierhin gehören gestampfte oder gepreßte Konstruktionen aus Cement-, Gips-, Kalkmassen 2c.

Ueberall da, wo Einstürze zu befürchten sind, muß der Feuerwehrmann mithin dort Aufstellung nehmen, wo die Konstruktionen möglichst feuersichere sind, d. h. der Regel nach in überwölbten Thür- und Fensteröffnungen.

Besteht ein Gebäude überwiegend aus Eisenkonstruktionen, die nicht feuersicher ummantelt und an den Enden nicht verschiebbar aufgelagert sind, so ist die Gefahr eines Zusammenbruches bei starker Hitze außerordentlich groß, und zwar in doppelter Hinsicht. Zuerst dehnt das erhitzte Eisen sich aus und schiebt die Wände auseinander, wodurch die Widerlager für gewölbte Kappen ausweichen und diese herabstürzen, sodann verliert das Eisen bei weiter zunehmender Erwärmung seine Tragkraft und fällt zusammen, weil es die auf ihm ruhende Last nicht mehr tragen kann. Je nach der Konstruktion und Bauart der Gebäude ist das Verhalten der Feuerwehr ein verschiedenes, und der Feuerwehrmann muß sich bemühen, die Konstruktionsarten im allgemeinen kennen zu lernen; immer aber bleibt es nötig, die Wände 2c. im Auge zu behalten und sich in Sicherheit zu bringen, sobald diese aus ihrer normalen Lage gedrängt werden.

Kleinere Brände in Wohn- und Geschäftshäusern werden natürlich auch beim überwiegenden Vorhandensein von Eisenkonstruktionen wie gewöhnlich gelöscht, weil schon erheblichere Hitzegrade nötig sind, bevor die Eisenkonstruktionen gefährlich werden.

Das Anspritzen glühend gewordener eiserner Säulen bringt zwar eine direkte Gefahr insofern nicht mit sich, als die

Säulen zersprängen oder sonst beschädigt würden, und braucht deshalb nicht ängstlich vermieden zu werden, andererseits kann es insofern schaden, als Wasser dabei zersetzt wird, man thut daher am besten, die brennenden Gegenstände in der Nähe dieser Säulen zu löschen und so indirekt eine Abkühlung der Säulen herbeizuführen. In Gebäuden mit gut ummantelten Eisenkonstruktionen verfährt man wie gewöhnlich, d. h. so lange wie die schützende Bekleidung nicht herabgefallen ist.

Macht sich in Räumen starker Gasgeruch wahrnehmbar, so darf dieser Raum nur mit einer Sicherheitslampe betreten werden.

Man öffne Fenster und Thüren und sehe nach, ob offene Gashähne vorhanden sind und schließe dieselben.

Findet man eine schadhafte Stelle in der Gasleitung und läßt sich der Haupthahn nicht absperren, so schraube oder breche man das Zuleitungsrohr aus den Muffen und verkeile dieses Rohr mit einem festen Pfropfen. Der Raum, in welchem Gasgeruch verspürt wurde, darf nicht eher wieder betreten werden, als bis derselbe gehörig ausgelüftet ist. Durch Herausschlagen der Luft mit neuen großen Reiserbesen läßt sich das Auslüften bedeutend beschleunigen. So lange aus Gasleitungen ausströmendes Gas brennt, ist eine Gefahr nicht zu befürchten, denn das Gas innerhalb der Leitungen kann sich nicht entzünden; man lasse daher stark ausströmendes Gas ruhig brennen, drücke es auf keinen Fall mit nassen Tüchern aus, sondern sperre die Leitung ab wie oben angegeben.

In der Luft herumwirbelndes Mehl, ebenso wie die Abfälle in Spinnereien, Kohlenstaub, Holzstaub und ähnliche Sachen entzünden sich ebenso wie Leuchtgas oder schlagende Wetter explosionsartig.

Man darf daher mit solchem Staub angefüllte Räume nicht mit offenem Licht betreten.

Bei Mühlenbränden lasse man daher zuerst den Betrieb einstellen, damit der Staub nachläßt, in Mehlhaufen und dergleichen darf man nicht hineinspritzen, weil sonst Staub aufwirbeln wird, vielmehr muß man durch staubartiges Verstreuen des Wasserstrahls den ganzen Raum, in welchem Staub herumfliegt, in dichten Nebel hüllen und so den Staub niederschlagen.

Bei Schadenfeuern, wo in Brand geratene Mineralöle und andere explosible Stoffe zu löschen sind, ist das Gefahrsmoment für die Feuerwehrmannschaften immer ein sehr großes, doch läßt sich die Gefahr bei Beobachtung verschiedener Sicherheitsmaßregeln bedeutend verringern.

Um solche Sicherheitsmaßregeln aufstellen zu können, ist es notwendig, die Ursachen kennen zu lernen, welche solche Gefahren bedingen, und soll versucht werden, dieselben an einigen vorgekommenen Unglücksfällen zu erläutern.

Am 5. April 1879 brannten auf dem Grundstück Friedrichstraße 113 zu Berlin verschiedene Materialien in einem im Keller belegenen Laboratorium; infolge einer eintretenden Explosion wurden der Besitzer des Kellers sowie 4 Feuerwehrmänner schwer und 6 Feuerwehrleute leicht verletzt.

Mitte Juni 1879 war zu Breslau in der Kochschen Drogenhandlung ein größerer Brand ausgebrochen, beim Löschen desselben wurden 4 Personen tödlich und viele andere mehr oder minder erheblich verletzt.

Am 5. August 1880 brannte zu Berlin auf dem Grundstück am Hegelplatz 1 Gasolin, während der Löscharbeiten entstand eine heftige Explosion, und verloren infolge dessen 1 Hausbewohner und 4 Feuerwehrleute das Leben, während 2 Hausbewohner und 5 Feuerwehrleute erhebliche Brandwunden davontrugen.

Bei diesem letzten Brande hatten wir den Angriff aufs Feuer im Keller selbst persönlich zu leiten, so daß uns die hier vorgefallenen Ereignisse genau bekannt sind; die anderen Brände sind aus Beschreibungen und Zeitungsnotizen soweit erforscht worden, wie solches möglich war.

Bei allen drei Unglücksfällen, ebenso wie auch bei dem letzthin stattgehabten Brande in Wien, war der Verlauf der Katastrophe im großen und ganzen derselbe.

Beim Abfüllen von Spirituosen oder Mineralölen hatten sich die aus der Flüssigkeit verdunstenden Dämpfe an offenem Licht entzündet, bei der sich in heftiger Weise entwickelnden Flamme wurden die mit dem Abfüllen Beschäftigten schwer verbrannt.

Das Feuer hatte sich sodann weiter ausgebreitet und bis

zum Erscheinen der Feuerwehr bedeutende Dimensionen angenommen.

Die Feuerwehr hatte nirgends mit Chemikalien, sondern nur mit Wasser das Feuer gelöscht und soweit bewältigt, daß man dasselbe für vollständig gedämpft hielt und annahm, den Keller nun ohne weiteres betreten zu dürfen.

Kurze Zeit, nachdem man den Keller betreten hatte und teilweise die Aufräumungsarbeiten schon begonnen wurden, trat eine heftige Explosion ein, und ist es lediglich diese letztere Explosion gewesen, welche die schweren Verletzungen herbeiführte. Die Art und Weise, in welcher die Explosion vor sich geht, dürfte nun auch die Mittel an die Hand geben, sich vor deren schädlichen Einflüssen zu schützen.

Rohpetroleum und dessen Destillationsprodukte, als Petroleumäther, Gasolin, Benzin, Ligroin, Neolin, Naphta, Petroleumessenz, rektifiziertes Petroleum, Putzöl, Schmieröl u. s. w., sowie aus Braunkohlenteer und Steinkohlenteer bereitete Oele und auch Schieferöle sind neben Schwefelkohlenstoff, Schwefeläther, Aceton, Holzgeist und Alkohol etwa diejenigen Produkte, welche hier in Frage kommen.

Alle diese Oele — kurzweg soll hier die Bezeichnung Oele gebraucht werden — bestehen aus einer Verbindung von Kohlenstoff und Wasserstoff, bei der teilweise noch Sauerstoff sich befindet. Je nach ihrer Zusammensetzung sind dieselben leichter oder schwerer verdunstungsfähig, d. h. die ersteren Oele verdunsten schon bei gewöhnlicher Temperatur, während die letzteren erst erwärmt verdunsten.

Das Verdunstungsprodukt aller dieser Oele ist nun das gefährliche Gas.

Dieses Gas brennt ebenso wie Leuchtgas und Grubengas für sich allein nicht, sondern bedarf des Zusatzes von Sauerstoff, oder anders, der Vermischung mit der atmosphärischen Luft, um brennen zu können.

Sobald diese Kohlenwasserstoffgase mit der Luft ein bestimmtes Gemenge abgegeben haben, sind sie verbrennlich und ein Funke genügt, um sie plötzlich in ganzem Umfange brennen zu lassen, d. h. in Form einer Explosion.

Die hier in Frage kommende Explosion ist mehr eine

totale Verbrennung, bei welcher der durch die plötzliche Entzündung der Gase sich bildende Luftüberdruck gegenüber den entstehenden Pressungen bei Explosionen von Feuerwerkskörpern und Dampfkesseln häufig gering ist. Die bei den hier zu besprechenden Explosionen hervorgerufenen Unglücksfälle sind auch meist auf brennende Gase, selten auf zerstörende Luftpressungen zurückzuführen. Ein gewisser Luftdruck ist auch hier bei der plötzlichen Verbrennung nicht ausgeschlossen. Der Luftdruck bei der Explosion ist um so heftiger, je weniger offen der Raum ist, in dem die Explosion stattfindet, außerdem richtet sich die Heftigkeit der Explosion nach der Art der Mischung zwischen Gas und atmosphärischer Luft.

Bei Explosionen von Leuchtgas z. B. ist die Entzündung am heftigsten, wenn sich ein Teil Gas mit 4—6 Teilen Luft vermischt hat. Die Heftigkeit der Explosion nimmt ab, wenn das Verhältnis der Gasmenge zur Luftmenge sich ändert, gleichgültig, ob es ein größeres oder geringeres wird.

Um die gefahrdrohende Explosion zu vermeiden, muß erstens die Ansammlung der leicht entzündlichen Gase, sodann deren Feuerfangen verhütet werden.

Je nach der Art der gefährlichen Flüssigkeit verdampft dieselbe schon bei gewöhnlicher oder höherer Temperatur.

Zur Verhütung der Verdampfung ist also die Erzeugung von Kälte notwendig. Am leichtesten erreicht man dieses bis zu einem gewissen Grade durch Hineinspritzen von Wasser, indem man den Strahl möglichst zerstreut Fußboden, Wand und Decke bestreichen läßt.

Chemikalien zur Erzeugung von Kälte würden hier vielleicht sehr gute Dienste leisten können und schneller zum Ziele führen.

Nach Ablöschen der brennenden Gegenstände — ein verstreuter Wasserstrahl hält von dem brennenden Oel die Luft ab und kann daher das Feuer dämpfen — und nach Abkühlung des Raumes, in dem das Feuer war, ist jetzt die Gefahr nicht beseitigt, sondern erst recht vorhanden, da jetzt eine Explosion zu erwarten ist, die während des heftigen Brandes nicht zu befürchten war, weil alle sich bildenden Gase sofort wegbrannten.

Das Gas bildende brennende Oel ist nun gelöscht, entweder dadurch, daß der Wasserstrahl die zum Verbrennen der Dämpfe notwendige Luft abschnitt, oder dadurch, daß die Bildung des Gases durch die Abkühlung plötzlich unterbrochen wurde und das vorhandene Gas wegbrannte. Die Entwickelung des Gases aber schreitet nun je nach der im Raume noch vorhandenen oder sich wieder bildenden Wärme (durchwärmte Wände, heißer Brandschutt) entsprechend fort. Sobald sich so viel Gas angesammelt hat, daß mit der atmosphärischen Luft das richtige Gemenge gebildet ist, genügt ein Funke, um die Explosion herbeizuführen.

In dieser Ausführung scheint gewissermaßen ein Widerspruch zu liegen, solcher ist aber nicht vorhanden, wie aus nachfolgender kurzer Wiederholung sich ergiebt.

Beim Brande haben die Oele brennbare Gase entwickelt und diese Gase brennen selbst. Beim Abkühlen der in Frage kommenden Räume wird die Entwickelung der Gase geringer, so daß der die Luft vertreibende Wasserstrahl das Feuer erlöschen lassen kann.

Nachdem der Wasserstrahl aufgehört hat zu wirken, kann einmal die Wärme wieder zunehmen und infolge dessen eine erneute Gasbildung eintreten, während andererseits der Wasserstrahl die Außenluft nicht mehr abhält und diese sich wieder mit den Dämpfen zu dem brennbaren Gas vereinigen kann. Die sich hier ergebende zweite Forderung ist also die, daß man nach Löschen des Feuers den sich erneut ansammelnden Gasen nicht die Möglichkeit bietet, sich so zu verdichten und mit der atmosphärischen Luft zu vermengen, daß sie wieder ein brennbares Gas liefern oder, falls solches dennoch geschieht, diesem leicht brennbaren Gas Abzug zu verschaffen und demselben eine Flamme bezw. einen Funken weit fern zu halten.

Diese Ausführungen ergeben nun die nachfolgende Angriffsweise.

Beim Brande in Räumen, in denen Explosionen vorgekommen sind, oder in denen Mineralöle, Schwefelkohlenstoff, Aether und Alkohol lagern, d. h. in den Lagerkellern für chemische Laboratorien, Apotheken und Drogenhandlungen leite man den Löschangriff nur unter gewissen Vorsichtsmaßregeln ein.

So lange der aus dem Raume ausströmende Qualm so dicht ist, daß man in demselben nicht atmen kann, liefert die vorhandene Luft auch nicht den Sauerstoff zum Verbrennen von Gasen, und ein mit dem Rauchapparat ausgerüsteter Mann kann den Raum betreten, das gefundene Feuer löschen und sich dann zurückziehen.

Bei diesen Manövern muß es ängstlich vermieden werden, sich für den Raum irgend welche Oeffnungen zu schaffen, durch die demselben Luft zufließen könnte, im Gegenteil sollen alle Oeffnungen möglichst luftdicht verschlossen werden.

Mit dem Schwinden des Rauches vergrößert sich die Möglichkeit einer Explosion, und es wird daher nötig, den Raum, in dem die leicht verdunstenden Oele brannten, mit Hilfe von Chemikalien oder durch Hineinspritzen von Wasser nach Möglichkeit abzukühlen.

Ist das Feuer gelöscht, so kann man den Rauch abziehen lassen. Der hineinzuspritzende Wasserstrahl ist auf Fußboden, an Wand und Decke zu leiten und möglichst zu zerstreuen.

Sodann ist es notwendig, die noch vorhandenen und die sich weiter bildenden brennbaren Gase nach Möglichkeit aus dem Raume zu vertreiben. Solches geschieht durch Herstellung von Luftzug, indem man möglichst nahe an der Decke oder in derselben Löcher einschlägt und im unteren Teile des Raumes entsprechende Ventilationsöffnungen macht, event. kann man mit Hilfe der Spritzen kalte Luft in den unteren Teil des Raumes hineindrücken. Ist Leuchtgas in den Raum eingedrungen, so muß die Gasleitung abgeschlossen werden, man thut dann gut, das Gas ruhig abbrennen zu lassen.

Hält man den Raum für hinreichend abgekühlt und ist ein brennender Gegenstand nicht mehr zu beobachten, so lasse man aus der Nähe des Raumes alle einfachen Laternen und Fackeln, überhaupt alles offene Feuer und Licht, entfernen und betrete den Raum nur mit einer Davyschen Sicherheitslampe, bezw. einer anderen ebenso sicheren Lichtquelle.

Die Hauptarbeit ist nun, zu beobachten, ob auch alles Feuer gelöscht ist. Ist solche Untersuchung bei Belassung der

Ballons an dem Brandorte möglich, so können die Oele in demselben bleiben, anderenfalls sind dieselben sehr vorsichtig ins Freie zu schaffen. Stark gestoßen und geschüttelt dürfen die Ballons auf keinen Fall werden, da in dem umgebenden Weidenkorb leicht ein Funke verstohlen weiter glimmen kann, der bei etwaigem Zerbrechen des Ballons verhängnisvoll würde. Draußen sind die Ballons möglichst so unterzubringen, daß ihre etwaige Zerstörung keine weiteren Gefahren bringt. Auch außerhalb des Gebäudes beim Fortschaffen der Ballons verwende man nur Sicherheitslampen.

Bei diesen Aufräumungsarbeiten sollen nur so viel Leute den Brandraum betreten, als unbedingt nötig ist; der Ausgang des Raumes bleibe dabei stets frei gehalten, und für den event. Notfall halte man am Ausgange des Kellers einige Eimer mit Wasser und einige Decken bereit.

Die in den Keller zu schickenden Mannschaften thun gut, wollene Kleider oder Schutzanzüge anzuziehen und diese vor dem Betreten des Kellers anzufeuchten, den Rockkragen schlage man hoch, und wer Handschuhe hat, ziehe diese an.

Bei einer nicht zu heftigen Explosion, d. h. bei einer nur plötzlichen Flammenbildung schützen nasse wollene Kleider vor dem Verbranntwerden ganz bedeutend. Eine solche Flammenbildung liegt hier meistens vor, denn bei der Explosion am Hegelplatz rettete sich jemand dadurch, daß er in einen Nebenraum sprang und sich fest in die Ecke drückte. Die Flammen schlugen vor ihm her und nahmen ihren Weg zu den höher belegenen Fenstern und Thüren hin. Sehr wichtig ist es auch, am Ausgange des Raumes einen Posten aufzustellen, der im Fall einer Explosion den im Flammenmeer befindlichen Leuten zuschreit: „Hier her, hier ist der Ausgang." Dieser Zuruf wirkte beim Brande am Hegelplatz Wunderdinge, er raffte die im Feuer sich befindenden Leute auf und zeigte ihnen den Rettungsweg. Ebenso kamen die Leute mit wollenen Beinkleidern bedeutend besser weg, als die, welche leinene Hosen trugen. Bezüglich der Davyschen Sicherheitslampe sei betont, daß ihre Wirksamkeit nur in dem Drahtnetz liegt, welches die Flamme umgiebt.

Dieses Drahtnetz absorbiert so viel Wärme, daß die

Kerzenflamme außerhalb des Gitters nicht mehr die Hitze entwickelt, Gas zur Entflammung zu bringen; es ist aber nötig, daß jeder Luftzug vermieden wird, da starke Zugluft ohne weiteres im stande ist, das brennende Gas durch das Drahtgitter an die Flamme zu bringen.

Ebenso ist die Lampe ohne Wirkung, sobald das Drahtnetz weißglühend geworden ist.

Bei Benutzung der Sicherheitslampe ist daher zu beachten, daß

1. dieselbe ruhig gehalten und nie geschwungen wird;
2. daß das Licht derselben durch Ueberhängen des Rockes erstickt wird, sobald der Draht glühend werden will;
3. daß man dieselbe möglichst in der Hand behält und nicht zu hoch hält;
4. daß dieselbe niemals in dem gefährdeten Raume, sondern nur draußen ausgeblasen werden darf.

In Brand geratene Kohlenhaufen oder Halden erstickt man am besten durch Bewerfen mit Asche, die alle kleinen Risse ausfüllt, oder aber man teilt die Haufen durch Abgraben in verschiedene kleinere Abschnitte.

Da Wasser glühende Kohlen nur löschen kann, wenn große Mengen verwendet werden, so gehe man nur an ein Spritzen heran, wenn gewaltige Wassermengen zur Stelle sind.

Bei Kirchturmbränden wird vielfach der Druck der Spritzen nicht ausreichen und man muß in den Turmstuben Bassins aufstellen, von denen aus man das Wasser vermittelst größerer tragbarer Spritzen weiter nach oben leitet, um so von der am höchsten stehenden Spritze aus das Feuer aus nächster Nähe bekämpfen zu können.

Besondere Gefahr liegt bei Turmbränden vor, wenn die Glockenstühle zerstört werden, da alsdann die Glocken herunterfallen können.

Bei Wald- und Heidebränden löscht man nicht mit Wasser, sondern man bewirft die brennenden Sträucher mit Sand und Erde.

Die Einschränkung des Brandes geschieht im übrigen durch Entziehung der Nahrung, indem man ganze Waldstreifen niederlegt, und in Heiden durch aufwerfen von Gräben die Grasnarbe zerstört und weitere Grasstreifen mit Erde bedeckt.

Je nachdem ein Wipfelbrand oder ein Brand von Unterholz zu dämpfen ist, wird man ganze Bäume, besonders Tannen, oder nur Buschwerk niederzulegen haben.

Im Winter hat man besonders ein Einfrieren der Spritzen zu verhüten.

Vor dem Hineinlassen von Wasser in den Spritzenkasten wärme man durch schnelles leeres Pumpen die Kolben und Cylinder an und lasse erst dann Wasser in die Spritzen hinein. Zum Schutz gegen die Kälte halte man den Spritzenkasten möglichst bis an den oberen Rand gefüllt, wenn angängig mit warmem, sonst mit Quell- oder Brunnenwasser.

Giebt eine Spritze eine Zeitlang kein Wasser, so muß doch ab und zu etwas gepumpt werden, damit das Wasser in den Schläuchen in Bewegung bleibt und nicht einfriert.

Da die Schlauchkuppelungen dem Einfrieren am meisten ausgesetzt sind, so umwickele man dieselben mit Lappen und Tüchern oder bedecke sie bei starker Kälte mit Schnee.

Chlorcalcium oder Salz in die Wasserfässer geworfen, drückt den Gefrierpunkt herab und schützt das Wasser vor leichtem Einfrieren, und kann man sich unter Umständen dieser einfachen Mittel bedienen.

Frieren trotz dieser Vorsichtsmaßregeln Spritzen ein, so thaue man sie mit heißem Wasser auf und erwärme die Cylinder durch Löthlampen, glühende Holzkohlen, Strohfeuer u. dgl.

Kann man warmes Wasser bekommen oder bereiten lassen, so verwende man solches.

Mit der Anlage elektrischer Starkstromleitungen für Straßenbahnen, Beleuchtungszwecke und maschinelle Einrichtungen verschiedenster Art sind dem Feuerwehrmann ganz neue und bedeutende Gefahren erwachsen. Die in den Leitungen vorhandene elektrische Spannung hat das Bestreben, aus der Leitung herauszukommen, sei es nach der Erde hin oder in andere Leitungen, und benutzt zu diesem Uebertreten, welches blitzartig schnell erfolgt, jeden leitungsfähigen Körper. Zu solchen leitungsfähigen Körpern gehören nun die Metalle wie z. B. Drähte, eiserne Werkzeuge, die Haken der Einhängeleitern sowie die Fallhaken und Armierungen der Maschinenleitern und dergleichen mehr.

Gut leitende Körper sind ferner alle stark durchnäßten Gegenstände wie Schläuche, Rettungsleinen, naß gewordene Leiterholme und andere, endlich aber auch der menschliche und tierische Körper.

Reißt nun z. B. ein Telephon- oder Telegraphendraht und fällt über die Drähte von Straßenbahnleitungen, so erhalten diese Schwachstromdrähte dieselbe Spannung wie die Starkstromleitung. Kommt nun ein Mensch oder ein Tier mit diesen herabhängenden Schwachstromdrähten in Berührung, so wird der elektrische Strom in ihre Körper geleitet. In ganz gleicher Weise gefährdet der Strom den Menschen, wenn dieser auf einer Leiter stehend entweder allein durch seinen Körper oder sonst durch noch andere leitende Gegenstände die Verbindung zwischen Starkstromleitungen und Erde herstellt.

Die den menschlichen Körper durchdringende Elektrizitätsmenge ist nun um so größer und damit gefährlicher, je höher gespannt die berührten Leitungsdrähte sind; andererseits wirken aber auch niedriger gespannte Wechsel- oder Drehströme schädlicher als Gleichströme; der Feuerwehrmann thut daher gut, alle Starkstromleitungen als gefährlich anzusehen, nicht aber gewöhnliche elektrische Leitungen.

Es liegt nun auf der Hand, daß man den Gefahren, welche die Starkstromleitungen mit sich bringen, aus dem Wege geht, wenn man

1. mit ihnen nicht in Berührung kommt,
2. die Leitungsdrähte abgeschnitten oder
3. stromlos gemacht werden.

Zu 1. Wenn das Feuer von der Treppe aus angegriffen wird (Innenangriff), dann hat die Feuerwehr so lange nichts zu befürchten, wie keine Drähte auf die Starkstromleitungen herabfallen; andererseits wird man, wenn die Leitungen nahe am Hause angebracht sind, mit der freiaufzustellenden mechanischen Leiter, wenn sie aber vom Hause entfernter angebracht sind, mit Hilfe der Hakenleiter von den Fenstern aus angreifen können.

Zu 2. Die Starkstromleitungen werden zu beiden Seiten der Brandstelle nahe ihren Befestigungspunkten — Isolatoren — mit Hilfe einer mit isolierten Handgriffen versehenen Zange abgezwickt. Hierbei ist große Vorsicht nötig, und der, welcher den Draht abschneidet, zieht zur weiteren Sicherheit am besten noch trockene Gummihandschuhe und Gummistiefel an. Weiter muß darauf Bedacht genommen werden, daß das Drahtende, welches nach dem Abschneiden herabfällt, Menschen oder Tiere nicht berühren kann. Da beim Durchschneiden des stromführenden Drahtes Funken auftreten können, so muß der Abschneidende seinen Kopf möglichst zu Seite halten. (Das Unschädlichmachen der Drähte läßt sich auf verschiedene Weise bewirken, die hier angegebene Methode ist aber bei den Berufsfeuerwehren zumeist in Gebrauch, nur wenden sie oft weniger Vorsicht dabei an.)

Zu 3. Die Stromlosmachung der Drähte wird sonst durch besondere Ausschalter bewirkt; falls für diesen Zweck Bedienstete der Elektrizitätswerke nicht zur Verfügung stehen, müssen Feuerwehrmannschaften mit der Handhabung der Ausschalter vertraut gemacht werden.

Sind Personen oder Tiere in elektrisch gespannte Drähte verwickelt worden, so schneide man schleunigst die Drähte mit Hilfe der mit isolierten Handgriffen versehenen Scheere ab und bringe die stromführenden Drahtenden bei Seite. Hat man keine Isolierzange oder Gummihandschuhe bei der Hand, so kann man versuchen, die Drähte mit Hilfe einer trockenen Leine oder trockener Wolltücher bei Seite zu schaffen, stets aber hüte man sich, die Drähte oder Körper mit der bloßen Hand anzufassen.

Ist ein Beseitigen, Durchschneiden oder Abschneiden der Drähte nicht möglich, so versuche man sie mit Metallgegenständen, z. B. den Schienen einer Straßenbahn, Gaslaternen, eisernen Masten in möglichst innige Berührung zu bringen.

Durch elektrische Ströme verbrannte, oder sonstwie verletzte Personen behandele man so, wie es die Vorschriften für die erste Hilfeleistung bei Verbrennungen und Verletzungen überhaupt vorschreiben; bei betäubten Personen, bei denen eine Atmung nicht mehr wahrnehmbar ist, müssen künstliche Atmungsversuche vorgenommen werden.

10. Ueber Verhütung von Wasserschaden.

Die in neuester Zeit auf dem Gebiete des Feuerlöschwesens gemachten großen Fortschritte berechtigen zu der Forderung, daß eine Feuerwehr, besonders eine Berufsfeuerwehr, nicht nur jedes Feuer bewältigen soll, sondern solche Bewältigung auch so vornehmen muß, daß durch das Löschen selbst kein anderweiter Schaden angerichtet wird.

Die Feuerwehren sind zu einer bedeutungsvollen Einrichtung in den größeren Gemeinwesen geworden und sie sollen dahin wirken, bei möglichst wenig Unkosten die Feuersgefahr, die das gewöhnliche Leben und gewisse Industriezweige mit sich bringen, so herabzumindern, daß möglichst wenig wertvolle Habe vernichtet wird.

Der Regel nach soll das Feuer im Keime erstickt werden, und nur noch in Ausnahmefällen dürfen größere Brände, die ganze Häuser ergreifen, vorkommen.

In den meisten Fällen wird daher die Feuerwehr auch nur kleine Teile der Gebäude vom Feuer ergriffen finden, und diese sollen in einer Weise gelöscht werden, daß alle anderen Teile des Gebäudes unbeschädigt bleiben.

Besprechen wir diesen Satz an einigen Beispielen.

Brennt in einem Zimmer, dessen Decke feuersicher gerohrt und geputzt ist, und dessen Wände aus Fachwerk oder massiven Mauern bestehen, die Gardine, ein Bett oder ein anderes Möbelstück, und die Feuerwehr, die solches Feuer löscht, zerschlägt wertvolle Thüren, wirft mit Glassachen gefüllte Schränke um und dergleichen, so hat die Feuerwehr mehr Schaden gebracht als sie überhaupt Nutzen brachte.

Sind infolge eines kleinen Brandes, der, nachdem er aufgefunden ist, mit einigen Litern Wasser bewältigt wird, ganze Räume verqualmt und werden alle Fenster eingeschlagen, damit der Rauch abziehen soll, so hat die Feuerwehr wiederum mehr geschadet als genützt.

Muß in einer Vergolderei ein in Lehm gemauerter Ofen abgerissen werden und reißt die Feuerwehr den Ofen ab, ohne vorher die Goldsachen herausgebracht zu haben, so wird der dicke Lehmstaub alle Sachen verderben, und die Wehr hat durch ihre Unachtsamkeit großen Schaden angerichtet.

Ist in einem Keller, in dem viele Materialien lagern, ein kleiner Brand, und wird das Feuer nicht aufgesucht und richtig aus nächster Nähe gelöscht, sondern spritzt man gewaltige Wassermengen in den Keller, so rettet man nichts und verdirbt alles.

Brennt ein Verschlag im Dachboden eines Wohnhauses und spritzt man direkt von der Wasserleitung gewaltige Wassermassen in den Dachboden, so wird das durchsickernde Wasser bis zum Erdgeschoß hin alles ruinieren und unbrauchbar machen, und die organisierte Wehr hat mit der vorzüglichsten Löscheinrichtung mehr geschadet, als wenn sie gar nicht dagewesen wäre. Bis auf die Sohle heruntergebrannt wäre das Haus nicht, denn das würden einige beherzte Männer mit gewöhnlichen Wassereimern haben verhindern können.

Will man also ein Schadenfeuer löschen, so verwende man hierzu nicht mehr Wasser als unbedingt erforderlich ist. Um dieser Forderung zu genügen, bleibt als erste Regel, nicht in Qualm und Flammen hinein Wasser zu geben, sondern das Wasser direkt an den wirklich brennenden Gegenstand heranzubringen.

Es ist daher unerläßlich, das Feuer aufzusuchen, seinen Herd aufzudecken, Gegenstände, die das Feuer verdecken, bei Seite zu räumen, Fußbödenbretter aufzuheben, Bekleidungen abzulösen und dergleichen, damit man das Wasser auch wirklich an den Brandherd schaffen kann.

Diese Arbeiten sind nicht immer leicht und erfordern, besonders wenn viel Rauch da ist, große Resignation und Willenskraft.

Ein Feuer soll des weiteren nur mit den Geräten angegriffen werden, welche die Ausdehnung des Brandes erheischt.

Leicht angebrannte Bretter lösche man mit dem Löschpinsel oder dem Mauerquast und einzelne brennende Möbelstücke gieße man mit einigen Eimern voll Wasser aus. Beim Ausgießen mit Eimern wird schon unnötig viel Wasser gebraucht werden, und man muß daher Wasserschippen, Besen und Wischlappen bei der Hand haben, damit das Wasser sofort wieder beseitigt werden kann.

Bei Bränden, bei denen die kleine Handspritze gebraucht wird, kann leicht Wasser durch die Decken oder an den Wänden herablaufen, und muß solches Wasser rechtzeitig aufgefangen werden.

Wird das Vornehmen eines Schlauches erforderlich, so ist die Gefahr, daß großer Wasserschaden entsteht, um so größer, je höher die Brandstelle in einem Gebäude belegen ist.

Lagern in einem Keller wenig wertvolle Waren und kann man mit etwas mehr Wasser leichter zum Ziele kommen, so gebe man ohne Bedenken mehr Wasser herein, der Schaden, den das unnötige Wasser anrichtet, wird nicht der Rede wert sein.

Brennt ein Saal oder ein größerer Fabrikraum zu ebener Erde belegen und nicht unterkellert, so denke man auch nicht zu ängstlich an den Wasserschaden, sondern lösche vor allen Dingen mit einem kräftigen bis in alle Ecken hineinreichenden Strahl.

Bei dem Löschen des brennenden Dachstuhles von einem Wohnhause aber muß man schon vorsichtiger verfahren, ebenso auch bei jedem Etagenbrande. Beim vorsichtigsten Löschen wird Wasser durchdringen, und in die unter dem Feuer liegenden Etagen müssen Mannschaften geschickt werden, die das durchsickernde Wasser aufwischen und in Gefäßen auffangen. Möbel und Bilder sind unter Umständen beiseite oder in Nebenräume zu schaffen und besonders wertvolle Gegenstände müssen mit Wachstüchern oder wasserdichten Laken bedeckt werden; im Notfalle wird man Bretter, alte Kleidungsstücke, Teppiche und dergleichen Dinge darüber legen.

Geradezu verhängnisvoll kann das durchlaufende Wasser aber in Möbelspeichern werden. Die Zwischendecken brauchen nicht gestakt oder gewellert zu sein, und das Wasser läuft schnell durch die Decken.

Brennt der Dachraum eines solchen Speichers und stehen in demselben fertige fournierte Möbel, wertvolle Instrumente und ähnliche kostbare Sachen, so wird Unachtsamkeit beim Wassergeben leicht Schaden verursachen, dessen Summe in die Zehntausende gehen kann.

Bei solchen Bränden ist es daher besonders wichtig, einen so kräftigen Wasserstrahl zu haben, daß man auch die entfernteren und höchstbelegenen Punkte treffen kann. Hat man hier einen Wasserstrahl, der nicht bis in die obersten Dachpartien hineinreicht, so wird das ganze ausgespritzte Wasser, anstatt in das brennende Holz zu dringen, auf den Boden herabfallen und hier durchsickern.

„Hat man einen sehr kräftigen Strahl, so genügt „bei demselben ein kleineres Mundstück, denn kleiner „Strahl und großer Druck desselben sind am wirk„samsten."

— Wir bemerken, daß es sich hier nicht um den Hauptherd eines Großfeuers handelt, wo ersäuft werden sollte. —

Bei allen Dachstuhlbränden bedenke man nun, daß nicht jeder angebrannte Sparren sofort total gelöscht zu werden braucht, denn es ist gleichgültig, ob ein halb durchbrannter Sparren gelöscht wird oder nicht, brauchbar ist derselbe auf keinen Fall mehr.

Die kräftigsten Wasserstrahlen lasse man daher nur so lange wirken, bis die Macht des Feuers gebrochen ist, nachher gehe man zu leichteren Waffen über.

Eine gute Dampfspritze muß so eingerichtet sein, daß man mit derselben auch das geringste Wasserquantum fördern kann; man benutze daher für gewöhnlich nicht die weiten Schläuche, sondern verbinde solche mit Hilfe von Gabelstücken mit mehreren kleineren.

Die großen Schläuche sind eigentlich nur zum Ersäufen verwendbar, denn sie sind so schwer zu handhaben und so schwer zu biegen und zu wenden, daß ein richtiges Verfolgen des Feuers bis an den innersten Herd nicht mit denselben auszuführen ist.

Am besten löscht man von der Wasserleitung aus, denn da hier ein gleichmäßiger kontinuierlicher Druck vorhanden ist, so kann man das Schlauchrohr mit Absperrhahn verwenden und den Hydranten überhaupt offen lassen.

Hat man kein Wasser mehr nötig, so schließe man den Hahn; will man ein wenig haben, so braucht man nur momentan zu öffnen.

Beim Oeffnen und Schließen des Hahnes wird auf die Wassersäule eine stoßartige Wirkung ausgeübt, die sich auf die Schlauchleitung und die Leitungsrohre überträgt und diese beschädigen bezw. schwächen kann.

Aus diesem Grunde sind zur Absperrung der Schlauchrohre Niederschraubhähne am zweckmäßigsten; hat man aber einfache Hähne, so öffne und schließe man dieselben sehr langsam und vorsichtig, damit die Stöße allmählich eintreten und schwächer werden.

Der fahrbare Extinkteur ist in Bezug auf die Anbringung der Absperrhähne gleich günstig.

Bei Spritzen, sowohl Hand- wie Dampfspritzen, kann man den Absperrhahn auch verwenden, doch müssen die Spritzen in diesem Falle mit besonderem Rücklauf versehen sein, oder ein Sicherheitsventil haben, welches bei höherem Druck selbstthätig funktioniert.

11. Die Aufräumungsarbeiten.

Wie in einem früheren Abschnitte angegeben wurde, wird es oftmals zur Bewältigung eines Brandes nötig, das Feuer verdeckende Gegenstände bei Seite zu schaffen.

Wenn ein Brand anscheinend gelöscht ist, so werden noch immer unter Schutt und Gerümpel kleinere Brandherde verborgen sein, die sich, wollte man sie unbeachtet lassen, wieder vergrößern und so zu einem ausgedehnteren Brande entwickeln würden.

Um dieser Gefahr vorzubeugen, wird es notwendig, den Brandschutt soweit zu beseitigen, daß alle brennbaren Gegenstände freigelegt sind; diese selbst werden noch insoweit benäßt, daß das gesunde Holz vor dem Weiterbrennen gesichert ist.

Da nun die Feuerwehr mit den zum Aufräumen nötigen Werkzeugen und Geräten versehen sein muß, so ist es ihr auch am leichtesten, Räume, die vom Feuer gelitten haben, wieder so weit in Ordnung zu bringen, als solches möglich ist. Bewohnte Räume werden zu reinigen sein, beschmutzte Treppen wird man säubern, an Fenstern und Gesimsen hängen gebliebene Fetzen beseitigen und aus Kellern, in welche Wasser hineingelaufen ist, solches herauspumpen oder mit Hilfe von Eimern, Mulden, Schippen und Besen beseitigen.

Die Feuerwehr hat des weiteren dafür zu sorgen, daß Holzkonstruktionen, Schornsteine und Mauerteile, welche einstürzen könnten, niedergelegt werden; ebenso ist dafür zu sorgen, daß Straßen, Wege, Höfe, Korridore und Treppen von den Verkehr sperrenden Hindernissen befreit werden, und daß man überhaupt jedem Unglück vorbeugt, welches durch die Zustände auf einer Brandstelle hervorgerufen werden könnte.

Nach dem Abrücken der Feuerwehr von der Brandstelle werden die Bewohner überall hingehen, um zu sehen, was durch das Feuer zerstört worden ist.

Durchgebrannte Stellen im Fußboden, wackelig gewordene Treppen, nicht mehr feste Treppengeländer und dergleichen ähnliche Dinge werden hierbei nicht mit der nötigen Vorsicht berücksichtigt, und ist es daher Sache der Feuerwehr, hier möglichste Sicherheit zu schaffen.

Löcher in Fußböden werden mit Brettern überdeckt und vernagelt, wackelige Treppen bricht man fort oder sichert dieselben durch untergebrachte Steifen, Geländer werden durch Leinen oder Latten ersetzt und gar nicht mehr passierbare oder betretbare Räume sind abzusperren.

Endlich wird die Feuerwehr eingedenk der Thatsache, daß sie da ist, um jeden Schaden möglichst zu verhüten, auch alles das noch beseitigen, was später Schaden bringen könnte.

Wertvolle Gegenstände wird man von Schutt befreien oder aus diesem heraussuchen, Sachen, die der Nässe und Witterung nicht ausgesetzt werden dürfen, wird man geschützt unterbringen, und noch verwertbares Material wird man von dem Schutt gesondert an dazu geeigneten Orten unterzubringen suchen.

Da die Mannschaften, welche die Brandstelle aufräumen sollen, nun vorher beim Löschen vollständig durchnäßt worden sind, sei es durch herablaufendes Spritzwasser, sei es durch übermäßiges Schwitzen, so ist für diese Leute in erster Linie zu sorgen.

Vor allen Dingen soll man denselben, wenn es eben angeht, trockene Kleider geben. Läßt sich dieses nicht ermöglichen, so müssen dieselben die wollenen Jacken auf die bloße Haut ziehen und den Gurt über dieselben schnallen, den Hals können sie durch umgebundene Tücher vor dem Luftzuge schützen.

„Gerade die Momente nach Bewältigung des „Brandes sind es, die zerstörend auf die Gesundheit „einwirken, und auf diese muß besonders geachtet „werden.“

Leute, die sich leicht verletzt haben, lasse man verbinden, damit in die Wunden eindringender Schutt, Metall, Farbstoff und dergleichen nicht zu Blutvergiftungen führt.

Für die erschöpften Mannschaften wird ein Gläschen Cognac oder, wo man sich's leisten kann, ein Gläschen feuriger Wein sehr heilsam sein; es sei jedoch ausdrücklich betont, daß man nur eine geringe Menge zu sich nehmen darf.

Das beste Getränk ist warmer Kaffee, Cacao oder Chokolade, und sollte man solches allen erschöpften Mannschaften zukommen lassen; die Verabreichung von Butterbrod oder etwas warmem Essen wird ebenfalls die Lebensgeister wieder auffrischen.

Vor dem Trinken von kaltem Wasser, Bier oder größeren Mengen von Spirituosen kann nicht genug gewarnt werden.

Leuten, die sehr viel Qualm geschluckt haben und sich infolge dessen krank fühlen, kann man stark kohlensäurehaltiges Bier und frische warme Semmel geben, sie stoßen danach stark auf, und Rauch wird mit aus Magen und Lunge herausgesogen.

Die Aufräumungsarbeiten selbst werden der Regel nach im Herausschaffen des Schuttes aus dem Gebäude auf den Hof oder in einen Garten bestehen.

Liegt die Brandstelle im Keller oder zu ebener Erde, so ist solches Herausschaffen sehr einfach, liegt die Brandstelle jedoch in einer höheren Etage oder im Dachboden, so sind verschiedene Vorsichtsmaßregeln zu beobachten.

Wenn es eben angeht, wird man den Schutt nicht herabtragen lassen, sondern denselben herabwerfen, und dies geht nicht ohne gewisse Vorbereitungen.

Beim Herunterwerfen von Schutt können leicht Menschen getötet werden, unter den Höfen etwa liegende Keller können eingeworfen werden und herumfliegende Steinbrocken werden Fensterscheiben zertrümmern.

Vor dem Herunterwerfen von Schutt hat daher der Offizier vor der Brandstelle einen passenden Platz auszusuchen, auf welchen herabgeworfen werden kann. Ist dieser Platz unterkellert, so wird man schwere Sachen nicht herunterwerfen dürfen.

Alle zu diesem Platze führenden Zugänge sind durch Posten abzusperren, damit keiner der Bewohner denselben betritt. Kellerfenster, Lichtschachte und dergleichen sind zu überdecken und Fenster wie Thüren der unteren Etagen durch Bohlen, ausgehobene einfache Thorflügel, Kisten und dergleichen zu verstellen.

Ein Posten ist des weiteren auszustellen, der auf alles Bemerkenswerte unten zu achten hat.

Vielfach wird der Oberleitende der Feuerwehr selbst die Arbeiten vor der Brandstelle überwachen.

Der Offizier im Feuer, welcher die Aufräumungsarbeiten zu leiten hat, stellt gleichfalls einen Posten aus, der den unten stehenden Posten oder den Oberleitenden sehen kann und gleichfalls mit dem oben Befehlenden in Verbindung steht.

Es darf nicht eher Schutt herabgeworfen werden, als bis solches von unten gemeldet wird. Soll das Werfen unterbleiben, so muß solches gleichfalls von unten gerufen werden. Die Zurufe: „Es kann geworfen werden“, „Aufhören“, „Weiterwerfen“ eignen sich hierzu.

Man wirft zuerst Holz herab, damit oben nur Schutt bleibt, der mit der Schippe aufgenommen werden kann.

Nachdem alles Holz herabgeworfen ist, wird solches unten vollständig abgelöscht und dann ordnungsmäßig aufgestapelt.

Nachher wird der Schutt herabgeworfen; dieser ist unten so zusammenzuwerfen, daß Holzteile der Gebäude, Geländer 2c. nicht durch den Schutt überdeckt werden, ebenso muß man den Thüren 2c. die Passage offen lassen.

In der Brandstelle selbst laufen die Aufräumungsarbeiten, die Arbeiten des endgültigen Ablöschens, sowie die anfangs angeführten Maßnahmen zur Erzielung möglichster Sicherheit neben einander her. Da diese Arbeiten sehr mannigfaltig sind, so wird ein Offizier allein dieselben bei größeren Brandstellen nicht leiten können und der Unterstützung bedürfen.

In der Brandstelle ist zuerst das Holz aus dem Schutt herauszuschaffen und herabzuwerfen, sodann wird ein größerer Platz freigelegt, auf welchen alles das geschafft werden kann, was man nicht herunterwerfen will; wertvolleres Material wird man hier gesondert aufstapeln.

Das Herunterwerfen selbst lasse man nur durch einige zuverlässige und schwindelfreie Leute besorgen, die einen bestimmten Platz am Fenster oder an der Dachtraufe innehalten. und denen alles Herunterzuwerfende zugetragen werden muß.

Das Herabwerfen von Schutt geht am leichtesten mit Hilfe der Schippen, man kann solche jedoch nur verwenden, wenn man in Höhe des **Fußbodens** oder etwas darüber Löcher in die Wände schlagen kann.

Können hierbei wertvolle Façaden beschädigt werden, so muß solches Einschlagen der Wände unterbleiben, und man muß den Schutt mit Hilfe der Mulden herabwerfen.

Hierbei bilde man bei engen Passagen zwei Mannschaftsreihen, so daß die eine Reihe die vollen Mulden zum Fenster reicht und die andere die entleerten wieder zurückgiebt.

Bei günstigen Raumverhältnissen ist es besser, die gefüllten Mulden nicht durch die Reihe geben, sondern jede einzelne Mulde zum Fenster tragen zu lassen.

Je nach den jeweiligen Verhältnissen wird die eine oder andere Manier des Schutttragens zum Ziele führen. Während der Aufräumungsarbeiten ist, wenn irgend möglich die Entstehungsursache des Brandes zu erforschen und event. des weiteren festzustellen, ob es an irgend einer besonderen Bauweise, oder an fehlerhaften baulichen Einrichtungen gelegen hat, daß das Feuer so weit um sich greifen konnte.

Man wird während der Aufräumungsarbeiten auch am besten beurteilen können, ob der Angriff aufs Feuer den bestehenden Verhältnissen entsprechend richtig unternommen ist, oder ob man anders hätte operieren müssen; ebenso wird man ersehen, ob während der Löscharbeiten auch die entsprechenden Regeln der Vorsicht berücksichtigt worden sind.

Ist die Brandstelle aufgeräumt, so verlasse man dieselbe

nicht früher, als bis man sie den Bewohnern oder den Beamten der Sicherheitspolizei übergeben hat. Bei der Uebergabe muß alles Bemerkenswerte mitgeteilt und auf alle gefahrvollen Verhältnisse besonders aufmerksam gemacht werden.

12. Das Abrücken von Brandstelle und das Verhalten nach der Rückkehr.

Noch während des Löschens, insbesondere aber während der Aufräumungsarbeiten wird man so viele Schläuche einziehen, als beim Bekämpfen des Feuers entbehrt werden können; man wird aber nicht gerade diejenigen Leitungen zurücknehmen, deren Rohre nicht mehr nötig sind, sondern man wird der Regel nach die Schlauchleitungen verlegen, verlängern oder verwechseln, und in erster Linie die Handdruckspritzen wieder einziehen. Die Leitungen von der Wasserleitung bleiben am besten bis zuletzt liegen, da sie wegen der bei ihnen zu verwendenden Schlauchrohre mit Absperrhahn zum Ablöschen am geeignetsten sind.

Schlauchleitungen, welche den Verkehr auf der Straße hindern, oder welche sehr lang sind, wird man auch sobald wie möglich wieder einziehen.

Im Winter lassen sich die Schlauchleitungen, die eingefroren sind, nicht mehr auf die Wellen oder die Haspeln aufwickeln, und man muß sie zusammenlegen und auf den Fahrzeugen transportieren.

Damit die Schläuche nun nicht direkt abbrechen, erwärme man die Knickstellen durch untergehaltene brennende Fackeln oder durch Aufgießen warmen Wassers und biege dieselben erst dann, wenn sie wieder weich und geschmeidig geworden sind.

Sind die Schläuche aufgewickelt, so hat man die Geräte zu sammeln und den zugehörigen Zügen wieder zuzuteilen, alsdann sind Mannschaften, Pferde und Geräte zu kontrollieren, und man darf nicht früher die Brandstelle verlassen, als bis alles komplett beisammen ist.

Ist eine Brandstelle sehr groß, so wird man nicht immer übersehen können, ob alles gelöscht ist, auch wird die vollständig erschöpfte Wehr oftmals abrücken müssen, wenn das

Feuer noch weiter brennt. In diesen Fällen muß eine Brandwache zurückgelassen werden, der man möglichst viel Löschmittel zur Verfügung beläßt.

Die Brandwache nimmt man aus den am wenigsten angestrengten Mannschaften und sorgt für deren rechtzeitige Ablösung.

Für die Brandwache, von der nur ein Teil permanent in Thätigkeit zu sein braucht, ist ein heizbarer Raum zu besorgen, event. zimmert sich dieselbe ein kleines Dach und erwärmt sich an angebrannten Holzstücken. Da nach Bewältigung eines Brandes stets viele Leute die Brandstelle besuchen werden, die alle der Feuerwehr etwas zu Gute thun möchten, so muß gerade die Brandwache in Bezug auf Getränke sehr vorsichtig sein.

Auf Wache zurückgekehrt, sind sofort alle Geräte wieder in Stand zu setzen, denn es könnte gleich ein anderes Feuer bekämpft werden müssen; sodann sollen die Mannschaften sich wieder kräftigen.

Die beste Erholung bringt ein gehöriger Schlaf; ist ein Teil der Mannschaft abkömmlich, so nehme dieser ein warmes Bad mit nachheriger kalter Douche.

Einige Glas medizinischer Tokayer, ein Schälchen Honig oder ein Quantum echtes Bier und nachher ein Tartarbeefsteak und eine Tasse schwarzer Kaffee haben uns meistens wieder auf die Beine geholfen.

Sind die Augen aber sehr angegriffen und die Nerven sehr erregt, so helfen diese Mittel nicht und man muß schlafen. Man bedecke die Augen, vorausgesetzt daß keinerlei wunde Stellen vorhanden sind, mit gehacktem rohem Fleisch oder geriebener, in Milch aufgeweichter Semmel und gebe sich dann der Ruhe hin; in schwierigen Fällen ist Außerdiensttreten und ärztliche Behandlung notwendig.

GPSR Compliance

The European Union's (EU) General Product Safety Regulation (GPSR) is a set of rules that requires consumer products to be safe and our obligations to ensure this.

If you have any concerns about our products, you can contact us on ProductSafety@springernature.com

In case Publisher is established outside the EU, the EU authorized representative is:

Springer Nature Customer Service Center GmbH
Europaplatz 3
69115 Heidelberg, Germany

Batch number: 10682534

Printed by Printforce, the Netherlands